Gehan T. El-Bassyouni

Síntese de nanotubos de carbono (CNTs) e sua aplicação

Gehan T. El-Bassyouni

Síntese de nanotubos de carbono (CNTs) e sua aplicação

ScienciaScripts

Imprint

Cover image: www.ingimage.com

This book is a translation from the original published under ISBN 978-620-2-30686-7.

Publisher:
Sciencia Scripts
is a trademark of
Dodo Books Indian Ocean Ltd. and OmniScriptum S.R.L publishing group

120 High Road, East Finchley, London, N2 9ED, United Kingdom
Str. Armeneasca 28/1, office 1, Chisinau MD-2012, Republic of Moldova, Europe
Printed at: see last page
ISBN: 978-620-8-21555-2

Índice

Capítulo 1 2

Capítulo 2 5

Capítulo 3 11

Capítulo 4 17

Capítulo 5 19

Capítulo 6 21

Capítulo 7 22

Capítulo 8 26

Capítulo 9 31

Capítulo 10 35

Capítulo 11 39

Capítulo 12 40

Capítulo 13 42

Capítulo 14 44

Capítulo 15 45

Capítulo 16 47

Capítulo 17 48

Capítulo 18 50

Capítulo 1

Introdução:

Os nanotubos de carbono (CNT) estão a ganhar uma importância crescente em muitos domínios da ciência e da tecnologia devido às suas propriedades únicas de maior área superficial, resistência mecânica, condutividade eléctrica e térmica [Burakova et al., 2018]. Desde a descoberta dos nanotubos de carbono (CNTs) por Sumio Iijima [Iijima 1991], o desenvolvimento da nanotecnologia e dos nanomateriais deu um novo passo. Trata-se de um tipo de nanomateriais quase unidimensionais [Pan et al., 2010]. No domínio dos nanofluidos, os CNT têm sido frequentemente utilizados como canais moleculares devido à sua estrutura geométrica especial. Foram registadas evidências experimentais da passagem de partículas através dos CNT [Chai et al., 2007]. Utilizando uma simulação de dinâmica molecular, Hummer et al. [Hummer et al., 2001] descobriram que a água pode atravessar rapidamente os CNT. Skoulidas et al. [Skoulidas and Sholl 2005] efectuaram várias investigações e concluíram que a difusão de gás nos CNTs é ordens de grandeza mais rápida do que noutros materiais microporosos, como o zeólito ZSM-12, devido à sua superfície super lisa. Mais tarde, Mutat et al. [Mutat et al., 2012] estudaram a autodifusão e a difusão de transporte de gás utilizando métodos de dinâmica molecular de equilíbrio (EMD) e de dinâmica molecular de não-equilíbrio (NEMD). Eles apresentaram que a primeira é muito menor do que a segunda. Também descobriram que os CNT rígidos são um modelo razoável apenas quando a diferença de pressão é muito baixa. Xu et al. [Xu et al., 2015 & Chen et al., 2016] estudaram a difusão de transporte em CNTs em uma dimensão e em três dimensões. Recentemente, estudos experimentais semelhantes foram realizados em difusão de transporte [Salles et al., 2013]. As pesquisas sobre difusão de transporte em CNTs perfeitos obtiveram muitos resultados, mas o mecanismo de difusão de transporte em CNTs deformados ainda não está claro. É obrigatório compreender a influência da deformação na difusão do transporte em nano-canais, porque a deformação dos CNTs é inevitável. Por exemplo, podem ser dobrados, dobrados e comprimidos durante os processos de fabrico e deteção [AuBuchon e Jin 2005]. A deformação pode também resultar das interações entre os átomos de carbono e outras moléculas [Wang et al., 2015]. Wen et al. [Wen et al., 2015] declararam que a forma do canal desempenha um papel decisivo na difusão do transporte. Os efeitos do grau de deformação e localização no fluxo de água em CNTs deformados foram simulados por He et al [He et al., 2018]. *Shi e Johnson* mostraram que a simulação de gás em feixes de CNT defeituosos concorda com os dados experimentais melhor do que os obtidos com os feixes de CNT homogéneos perfeitos [Shi e

Johnson 2003]. Desde que os CNTs distorcidos foram observados experimentalmente, muitas pesquisas sobre CNTs deformados foram estudadas para descobrir as relações entre propriedades mecânicas, geometria e comportamento eletrônico [Ohnishi et al., 2016].

Os CNT são fabricados enrolando uma folha de grafeno num cilindro. Estas nanoestruturas são construídas com um rácio comprimento/diâmetro que pode atingir [(1,32 x 10^8):1], significativamente superior ao de qualquer outro material. Como o seu nome sugere, o diâmetro dos nanotubos é da ordem de alguns nanómetros (nms), enquanto que o seu comprimento pode atingir os 18 centímetros. Os CNT são os candidatos mais promissores no domínio da nanoelectrónica, especialmente para aplicações de interligação. Os CNT metálicos têm suscitado grande interesse na investigação pela sua aplicabilidade como interconexões de integração em muito grande escala (VLSI) devido à sua elevada estabilidade térmica, elevada condutividade térmica e grande capacidade de transporte de corrente. Os CNT podem transportar uma densidade de corrente superior a 10^3 (MA/cm^2), o que pode melhorar o desempenho elétrico, bem como eliminar os problemas de fiabilidade da electromigração que afectam as actuais interligações de Cu à nanoescala. Trabalhos de modelagem recentes revelaram que as interconexões de feixes de CNT podem potencialmente oferecer vantagens adicionais em relação ao Cu. Além disso, experiências recentes demonstraram que os valores de resistência tão pequenos quanto 200 Ω podem ser alcançados em feixes de CNT [Kaushik e Majumder 2015].

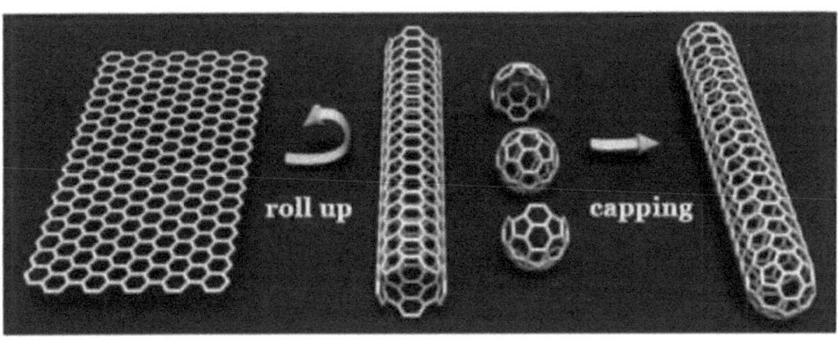

Fig. (1) Formação de um nanotubo por enrolamento do grafeno [Dobrzanski et al., 2010]

Verifica-se que os CNT deformados podem ser utilizados para conceber alguns nanodispositivos. Algumas investigações indicam que os CNT deformados podem ser concebidos como canais de água de dimensão nanométrica [Zhou et al., 2013]. O estudo da passagem de protões através de CNTs deformados é útil para a orientação de feixes de iões nanométricos [Borka Jovanovic et al., 2017]. *Xu et al.* investigaram o transporte molecular em nanotubos assimétricos, e descobriram que os nanotubos assimétricos podem bombear partículas contra a concentração [Xu et al., 2016]. Investigar o mecanismo de difusão de transporte em CNTs deformados será útil para descobrirmos mais aplicações potenciais no futuro [Feng et al., 2018].

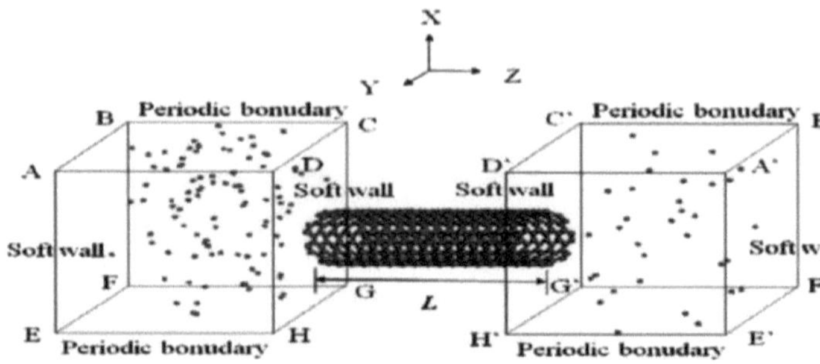

Fig. (2) O modelo do sistema tridimensional de transporte de gás. O canal pode ser substituído por CNTs deformados. As bolas roxas e verdes representam moléculas de gás e átomos de carbono, respetivamente [Feng et al. 2018]

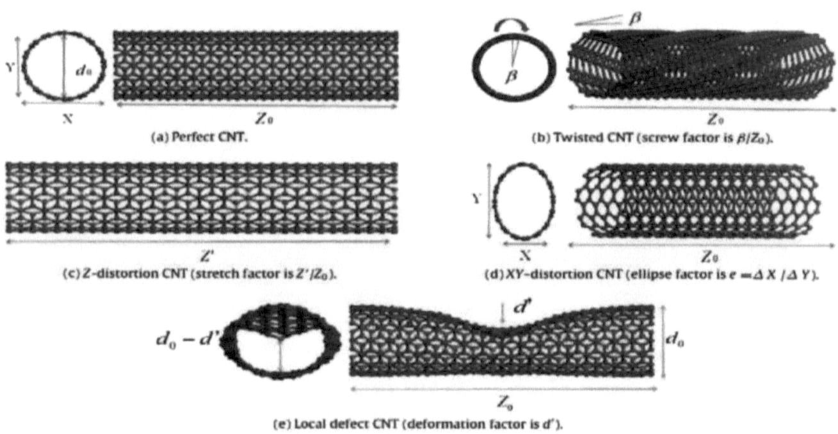

Fig. (3) CNT perfeito e quatro tipos de CNTs deformados [Feng et al. 2018].

Capítulo 2

Métodos de síntese de CNTs:

Os nanotubos de carbono são geralmente produzidos por três técnicas principais: (1) *descarga por arco, (2) ablação por laser e (3) deposição química de vapor (CVD)* [See and Harris 2007]. Vários cientistas estão a procurar formas mais económicas de produzir estas estruturas. A maioria destes processos tem lugar no vácuo ou com gases de processo. O crescimento de CNTs por CVD pode ocorrer no vácuo ou à pressão atmosférica. Podem ser sintetizadas grandes quantidades de nanotubos por estes métodos; os avanços na catálise e nos processos de crescimento contínuo estão a tornar os CNT mais viáveis comercialmente [Dai 2002].

(I)Descarga por arco elétrico:

A descarga de arco é a decomposição eléctrica de um gás para gerar plasma. Esta antiga técnica de geração de arco com corrente eléctrica foi utilizada pela primeira vez para produzir CNTs. Uma câmara de descarga de arco é apresentada da seguinte forma:

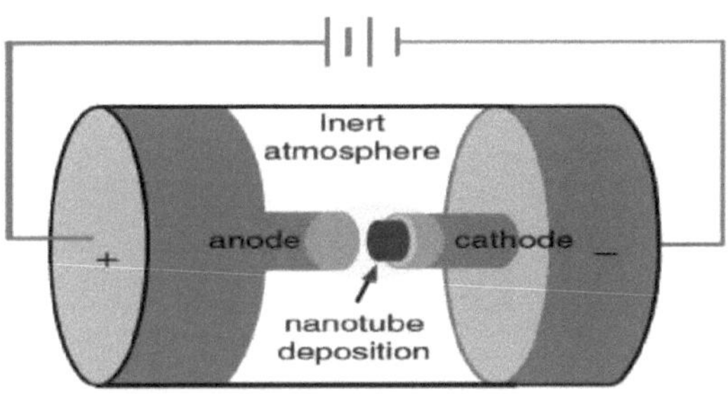

A câmara é constituída por dois eléctrodos montados horizontal ou verticalmente; um deles (ânodo) é preenchido com precursor de carbono em pó juntamente com o catalisador e o outro elétrodo (cátodo) é normalmente uma barra de grafite pura. A câmara é preenchida com um gás ou submersa num meio líquido. Após ligar a fonte de alimentação (CA ou CC), os eléctrodos são postos em contacto para gerar um arco e são mantidos a uma distância intermitente de 1-2 (mm) para obter uma descarga estável. É mantida uma corrente constante através dos eléctrodos para obter um arco não flutuante, para o qual é utilizada a automatização em circuito fechado para ajustar automaticamente a abertura. Um arco flutuante resulta num plasma instável e a qualidade do produto sintetizado é afetada. A corrente do arco gera um plasma de temperatura muito elevada, entre 4000 e 6000 Kelvin, que sublima o precursor de carbono contido no ânodo. Os vapores de carbono agregam-se na fase gasosa e dirigem-se para o cátodo, onde arrefecem devido ao gradiente de temperatura. Após um tempo de aplicação do arco de alguns minutos, a descarga é interrompida e o depósito catódico, que contém CNTs juntamente com a fuligem, é recolhido das paredes da câmara. O depósito é posteriormente purificado e observado num microscópio eletrónico para investigar a sua morfologia. Yatom et al., 2017 mostraram que a síntese de nanotubos de carbono de parede simples (SWCNTs) por um arco de carbono pode não constituir um único processo contínuo, mas pode consistir em dois modos distintos. Um deles, o modo "synthesis-on", produz a maioria dos nanomateriais [Fang et al., 2016]. Durante o modo de síntese ligado, são recolhidos proporcionalmente mais nanotubos de carbono do que noutro modo, um modo "síntese desligada". Os modos de síntese ligado e desligado para uma configuração de arco típica, empregando um ânodo oco preenchido com uma mistura de catalisador metálico em pó e grafite, foram caracterizados utilizando diagnósticos eléctricos, de imagem e espectroscópicos in situ, juntamente com imagens e espetroscopia ex situ. A duração do modo de síntese ligada é rara em comparação com o tempo total de funcionamento do arco, o que ajuda a explicar a fraca seletividade encontrada nos produtos finais recolhidos, uma inadequação conhecida da síntese por arco. A raridade da ocorrência do modo de síntese ligada pode dever-se ao facto de o modo de síntese desligada ser energeticamente mais favorável.

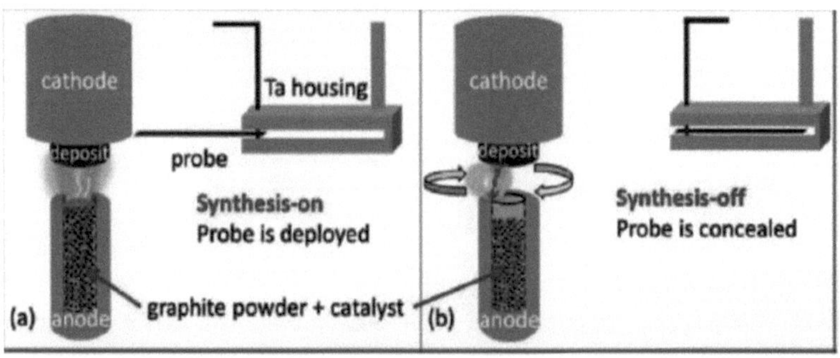

Fig. (5) Transições entre os modos de síntese ligado e desligado e esquemas de colocação e ocultação da placa testemunha, **(a)** ***Regime de síntese ligado***: O arco envolve a grafite e o pó catalisador e passa a um modo de síntese estável que já não oscila e se caracteriza por uma emissão de C2 muito mais intensa. A placa testemunha é colocada quando o modo se estabiliza, **(b)** ***Regime de síntese desligada***: O arco oscila em torno da superfície do ânodo oco e é incapaz de interagir com a mistura C-N-Y que se esgotou na parte superior do ânodo. A placa testemunha é ocultada quando o arco está no modo de síntese-off [Yatom et al., 2017].

Fig. (6) Imagens representativas **(em cima)** de SEM e **(em baixo)** de TEM dos nanomateriais capturados por placas testemunhas expostas durante os modos **(a, c)** synthesis-off e **(b, d)** synthesis-on [Yatom et al., 2017].

A principal preocupação da síntese de CNT por descarga de arco é melhorar o rendimento do produto. No entanto, a técnica de descarga por arco não tem sido bem sucedida na produção de CNTs puros em grande escala devido à dificuldade em controlar os parâmetros experimentais. Os rendimentos dos nanotubos dependem da corrente do arco, da composição do catalisador e do seu tamanho de partícula, dos efeitos atmosféricos e da forma e composição do elétrodo. Nishio et al. sugeriram que o rendimento dos nanotubos depende da taxa de arrefecimento [Nishio et al., 2004]. No entanto, a taxa de arrefecimento depende da corrente do arco, do tamanho do cátodo, da condutividade térmica do gás e do gradiente de temperatura. Os rendimentos típicos são da ordem de alguns miligramas para uma síntese que dura vários minutos, o que torna esta técnica menos preferível do que a CVD. No entanto, os investigadores melhoraram o rendimento desta técnica através do controlo dos parâmetros de síntese [Arora and Sharma 2014]. Poucos estudos relacionados com configurações modificadas já foram discutidos acima. Alguns relatórios sobre variações nos valores de corrente e pressão, diâmetros de eléctrodos, composição do catalisador e atmosfera foram sugeridos para otimizar a descarga do arco. O rendimento típico dos nanotubos obtidos por descarga em arco é de ~20-50 mg/min por síntese. No entanto, poucas tentativas de produzir CNT através de descarga de arco semi-contínua e contínua foram feitas e rendimentos de 2 (g/h) [Cheng et al., 2000] e 6,5 (g/h) foram alcançados [Zhao 2004]. O controlo do tamanho e do diâmetro nos nanotubos ainda não tem resposta.

O tamanho dos SWNTs pode ser controlado usando o tamanho desejado de partículas de catalisador [Farhat et al., 2001]. O diâmetro dos SWNTs aumenta em 0,2 A quando se aumenta a relação árgon-hélio em 10%.

(2) Ablação por laser:

O aparelho de vaporização a laser utilizado é apresentado na **Fig. (7).** É utilizado um laser pulsado ou contínuo para vaporizar um alvo de grafite num forno a 1200° C. O forno é cheio com gás hélio ou árgon para manter a pressão a 500 Torr. Forma-se uma pluma de vapor muito quente, que depois se expande e arrefece rapidamente. À medida que as espécies vaporizadas arrefecem, pequenas moléculas e átomos de carbono condensam-se rapidamente para formar aglomerados maiores, possivelmente incluindo fulerenos. Os catalisadores também começam a condensar-se, mas mais lentamente no início, e ligam-se aos aglomerados de carbono, impedindo o seu fecho em estruturas em gaiola. Os catalisadores podem até abrir estruturas em gaiola quando se ligam a elas. A partir destes aglomerados iniciais, as moléculas tubulares transformam-se em nanotubos de carbono de parede simples até que as partículas de catalisador se tornem demasiado grandes ou até que as condições tenham arrefecido o suficiente para que o carbono deixe de se poder difundir através ou sobre a superfície das partículas de catalisador. Também é possível que as partículas fiquem tão revestidas com uma camada de carbono que não consigam absorver mais e o nanotubo deixe de crescer. Os SWNTs formados neste caso são agrupados por forças de van der Waals [Koziol et al.2010].

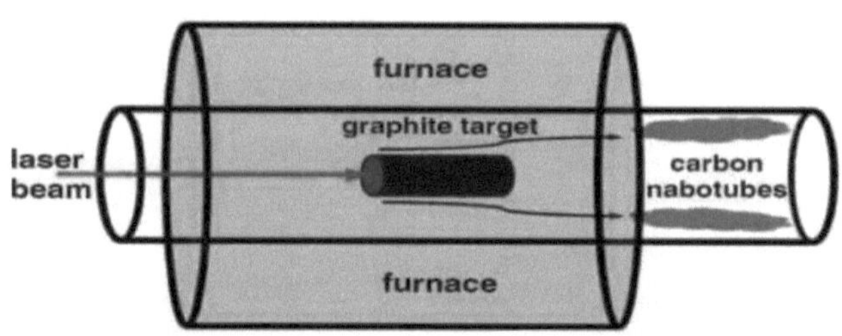

Fig. (7) Diagrama esquemático do método de ablação por laser [Koziol et al.2010].

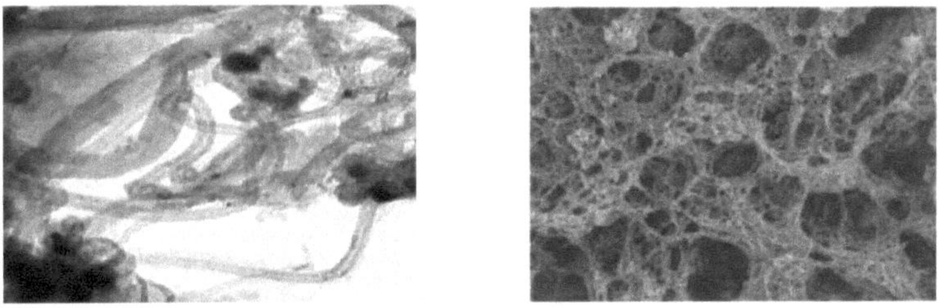

(a) Imagem de microscopia eletrónica de transmissão (TEM) de CNTs, barra de escala 200 nm **(b)** Imagem de microscopia eletrónica de varrimento (SEM) de estruturas de rede de nanotubos de carbono, barra de escala 5μm. Ambas as imagens mostram CNTs produzidos pelo método de ablação a laser pulsado

(3) Deposição química de vapor (CVD):

Em comparação com os métodos de descarga em arco e de ablação por laser, a CVD é uma técnica simples e económica para sintetizar CNT a baixa temperatura e à pressão ambiente. A CVD é mais popular e amplamente utilizada devido ao seu baixo custo de instalação, alto rendimento de produção e facilidade de aumento de escala [Kumar e Ando 2010]. A CVD é a tecnologia mais promissora para atingir o objetivo da produção em massa; no entanto, apesar disso, o campo da nanotecnologia ainda é suficientemente jovem para que não haja resultados abrangentes que elucidem a relação entre os parâmetros-chave (por exemplo, temperatura, catalisador, fonte de carbono) e as propriedades dos nanotubos resultantes (por exemplo, comprimento, diâmetro, morfologia) [Award # EEC-0754741]. A síntese CVD é conseguida através da colocação de uma fonte de carbono gasoso e da utilização de uma fonte de energia, como um plasma ou um forno (600-1200° C) para transferir energia e, assim, decompor o gás hidrocarboneto numa molécula de carbono gasoso **Fig. (8).** As fontes de carbono gasoso geralmente utilizadas incluem o metano, o monóxido de carbono e o acetileno. A fonte de energia é utilizada para "quebrar" a molécula em carbono atómico reativo. Em seguida, o carbono difunde-se em direção ao substrato, que é aquecido e revestido com um catalisador (normalmente um metal de transição da primeira fila, como o Ni, Fe ou Co), onde se ligará. Os nanotubos de carbono formar-se-ão se forem mantidos os parâmetros adequados. É possível obter um excelente alinhamento, bem como um controlo posicional à escala nanométrica, utilizando a CVD. Também é possível manter o controlo sobre o diâmetro e a taxa de crescimento dos nanotubos. O catalisador metálico adequado pode desenvolver preferencialmente nanotubos de parede simples em vez de nanotubos de parede múltipla. A formação deSWCNT ou MWCNT, respetivamente, é regida pelo tamanho da partícula do catalisador [Sinnott et al., 1999]. Em termos gerais, quando o tamanho das partículas é de alguns nm, formam-se SWCNT; enquanto que quando as partículas têm algumas dezenas de nm de largura, favorece-se a formação de MWCNT.

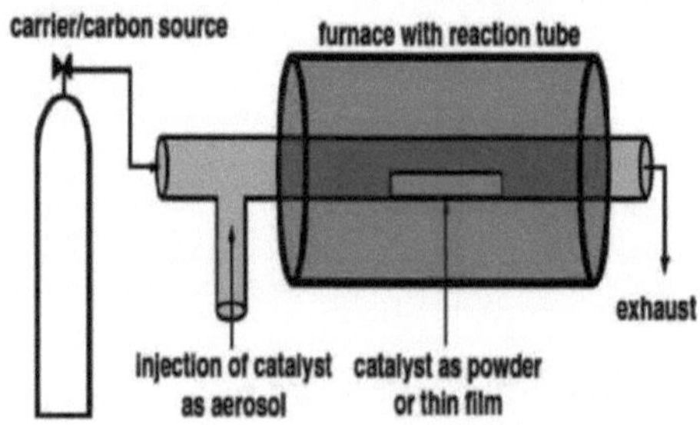

Fig. (8) Diagrama esquemático da configuração CVD na sua forma mais simples [Kumar e Ando 2010].

Capítulo 3

Outros métodos de síntese de CNTs:

- Técnica de pirólise por pulverização nebulizada (NSP)

A NSP é um método químico bem conhecido para a deposição de películas finas. Nanoestruturas unidimensionais (ID) de vários materiais, incluindo nanotubos de carbono de paredes múltiplas (MWCNTs), foram preparadas usando NSP de soluções precursoras. Esta técnica é utilizada para a síntese em larga escala de MWNT e feixes de MWNT alinhados [Rao and Biswas 2015]. O spray nebulizado é um spray gerado por um atomizador ultra-sônico. MWNT com diâmetros bastante uniformes, bem como feixes de MWNT alinhados, foram obtidos usando soluções de compostos organometálicos como ferroceno em benzeno, tolueno e outros solventes de hidrocarbonetos. A vantagem de utilizar uma pulverização nebulizada é a facilidade de aumentar a escala para um processo à escala industrial, uma vez que os reagentes são alimentados continuamente no forno **(Fig. 9)** [Dai 2002].

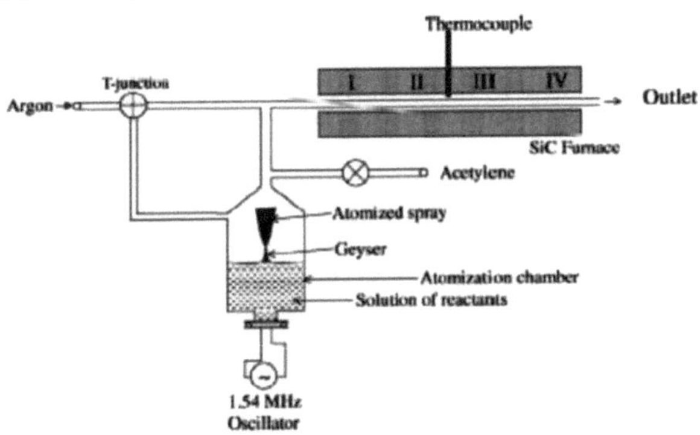

Fig (9). Representação esquemática da técnica de pirólise por pulverização nebulizada para a síntese de CNT [Dai 2002].

A figura seguinte mostra imagens típicas de microscopia eletrónica de varrimento (SEM) e de microscopia eletrónica de transmissão (TEM) de MWNTs obtidos por síntese de NSP. NSP de uma solução metanólica de acetatos metálicos produz nanofios metálicos. A versatilidade do método é demonstrada pela síntese de nanofios monocristalinos de zinco, cádmio e chumbo [Rao e Biswas 2015].

 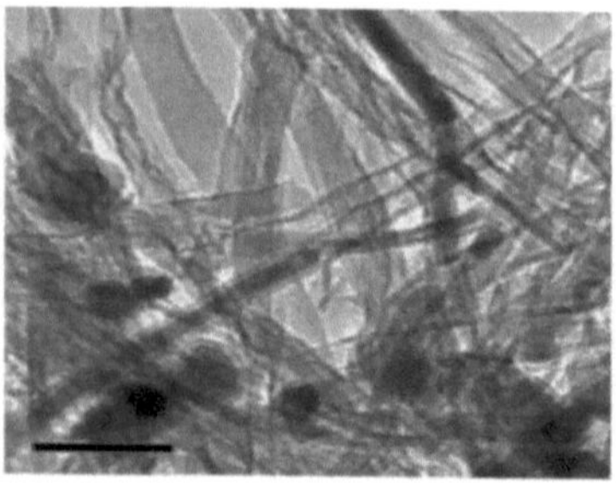

Imagens de SEM & TEM deMWNTs obtidos por pirólise por spray nebulizado de metaloceno [Vivekchand etal.,2005].

- Síntese de nanotubos de carbono a partir de biocombustível como fonte de carbono

Os CNT foram sintetizados durante a combustão num motor a diesel utilizando biodiesel, éster metílico de ácido gordo (FAME), como combustível principal [Imdadul et al., 2017]. O etanol foi misturado com o combustível principal. Estes combustíveis misturados actuaram como fonte de carbono e calor. O ferroceno, como fonte de catalisador para o crescimento de CNT, e o molibdénio/enxofre, como promotor, foram adicionados ao combustível misto. Os CNTs produzidos em cada condição experimental foram avaliados principalmente por microscópio eletrônico de varredura (SEM) e microscópio eletrônico de transmissão de alta resolução (HR-TEM) se o CNT foi realmente sintetizado ou não. As composições gasosas de um escape de um motor foram examinadas por dois tipos de cromatógrafo de gás, detetor de condutividade térmica para O2, CO, CO2 e detetor de ionização de chama para hidrocarbonetos de baixo peso molecular Cl-C3 [Suzuki e Mori 2017]. Como estudo comparativo, foram realizadas experiências utilizando 1-decanol e n-dodecano como combustível principal. O primeiro é um material emergente que tem sido aplicado para o funcionamento de um motor a gasóleo nos últimos anos. O segundo tem sido utilizado como combustível substituto do combustível de transporte comercial, a fim de imitar várias propriedades do combustível real. Os resultados obtidos indicaram que o FAME e o 1-decanol tinham uma propensão para produzir uma maior quantidade de CO que levou à formação de CNT do que a produzida a partir de combustível à base de n-dodecano, mesmo com uma baixa fração de etanol no combustível [Suzuki e Mori 2018].

A análise HR-TEM foi realizada para obter informações detalhadas sobre o CNT sintetizado e elucidou que o SWNT raramente era formado, enquanto a maioria dos CNTs sintetizados era MWNT, independentemente das condições de combustível. Os MWNT sintetizados apresentavam múltiplas camadas de carbono, mas foram danificados provavelmente devido ao oxigénio presente durante a combustão. A análise EDX em relação às partículas de ferro mostrou que se obteve uma relação atómica O/Fe mais baixa no caso das condições de crescimento dos CNT. A partir da temperatura de combustão adiabática e de estudos anteriores, sugeriu-se que as partículas metálicas de ferro foram produzidas durante as reacções de combustão e podem contribuir para o crescimento dos CNT.

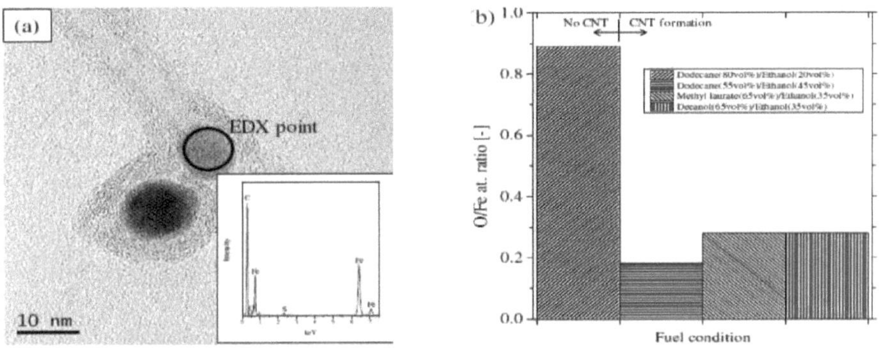

Fig. (10) Análise EDX das partículas de ferro para estimar a razão atómica quando se utilizaram diferentes combustíveis, **(a)** Imagem HR-TEM e espetro EDX onde se assinala a imagem HR-TEM quando se utilizou a mistura de combustível ndodecano (55 vol%)/etanol (45 vol%) e a carga do motor foi de 1,65 kW. (b) Razão atómica média O/Fe de várias partículas de ferro quando foi utilizado um combustível diferente. Foi utilizada a mesma carga do motor de 1,65 kW [Suzuki e Mori 2018].

Síntese de CNTs num catalisador de óxido de níquel e magnésio utilizando radiação de micro-ondas:

Durante a exposição dos precursores do catalisador de Ni/MgO à radiação de micro-ondas (mesmo a curto prazo), ocorreu uma transformação selectiva (ativação) dos componentes individuais do sistema processado, que não pôde ser observada durante o aquecimento térmico convencional. A modificação do catalisador utilizando a radiação de micro-ondas transformou o sistema num determinado estado de transição, que pode estimular processos físicos e químicos qualitativamente diferentes com a mesma composição e estado inicial do sistema catalítico. O sistema perdeu o seu estado de transição no espaço de 20-30 minutos após a modificação, ou seja, imediatamente após a exposição à radiação de micro-ondas. A utilização da radiação de micro-ondas na fase de preparação do catalisador Ni/MgO aumentou a área superficial específica do catalisador de 5,2 para 9,1 (m^2/g). A maior área de superfície específica do catalisador foi formada ao modificar a solução inicial do componente com a radiação de micro-ondas de uma frequência de 2,45 GHz durante 30 segundos. A aplicação de tal catalisador na síntese de CNT possibilitou aumentar o rendimento do nano-produto em 40-45%. Com base nos resultados das análises de MEV e TEM, pode-se supor que a ausência de regiões locais de superaquecimento na amostra durante a modificação do catalisador por micro-ondas promoveu a nucleação de centros ativos mais uniformes. Portanto, a variação no diâmetro do CNT é de apenas 10-40 (nm). O efeito observado de aumento da eficiência do catalisador de Ni/MgO devido à utilização de radiação de micro-ondas na fase da sua preparação permitiu concluir que, apesar de um ligeiro aumento dos custos energéticos, o método considerado para a modificação do catalisador de síntese de CNT se justificava economicamente para o fabrico industrial de nanoprodutos **Fig. (11 & 12).** Os nanotubos de carbono sintetizados podem ser utilizados para vários fins, incluindo o tratamento de água, devido à economia na produção e à grande área de superfície [Burakova et al., 2018].

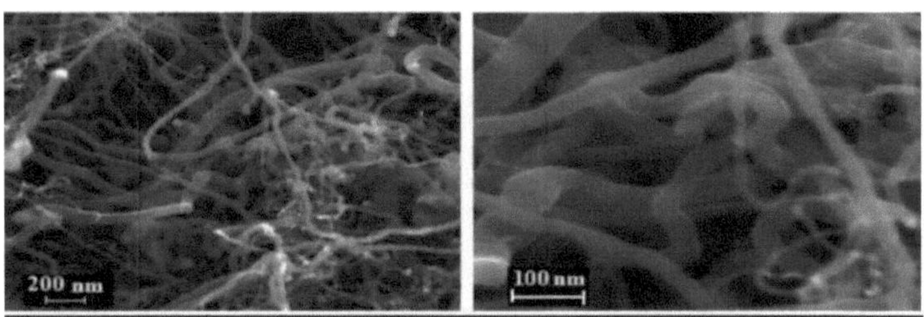

Fig. (11) Imagens TEM das nanoestruturas de carbono sintetizadas sobre o catalisador inicial de Ni/MgO [Burakova et al.,2018]

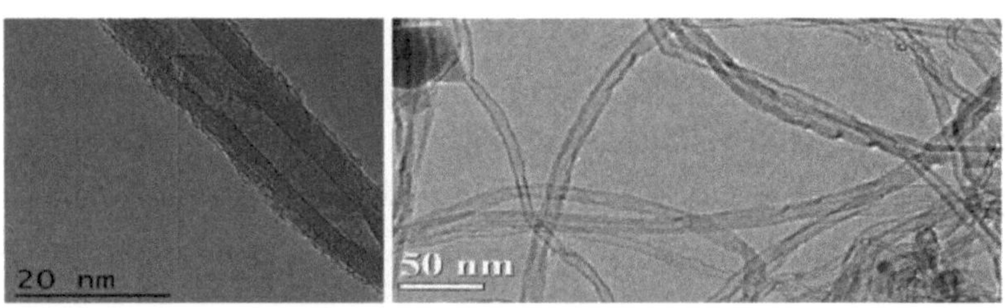

Fig. (12) Imagens TEM das nanoestruturas de carbono sintetizadas sobre o catalisador Ni/MgO modificado por micro-ondas [Burakova et al., 2018].

As aplicações mais interessantes e desafiantes para os compósitos de matriz cerâmica CNT (CNT-CMCs) são como materiais resistentes. O endurecimento dos CMCs é normalmente conseguido através de um fraco acoplamento da interface fibra/matriz que permite a descolagem e o deslizamento das fibras no interior da matriz. As forças de fecho exercidas pelas fibras nas fissuras da matriz que se propagam à volta das fibras limitam o crescimento das fissuras, e o trabalho necessário para puxar as fibras partidas para fora contra o atrito residual de deslizamento na interface fibra/matriz confere uma resistência à fratura significativa aos CMCs. É de esperar a existência de interfaces fracas entre um CNT e muitas matrizes cerâmicas, e o carbono pirolítico é o material de interface mais comum depositado nas fibras para induzir essa descolagem. Assim, os mecanismos de descolamento e deslizamento da interface, e o endurecimento associado, devem estar a funcionar nas CNT-CMCs, a menos que a resistência ao deslizamento seja demasiado baixa. A maior parte dos trabalhos sobre os CNT-CMC concentrou-se na medição da tenacidade utilizando a técnica de indentação/comprimento da fenda, que é nominalmente adequada para pequenos volumes de material, com pouca ênfase na descoberta dos mecanismos reais de qualquer endurecimento. Os dados revelaram um aumento muito reduzido ou nulo da tenacidade aquando da introdução de CNT - de parede simples ou múltipla - em várias matrizes cerâmicas [Curtin e Sheldon 2004]. Zhan et al., no entanto, relataram melhorias significativas na tenacidade à fratura, três vezes superior à de uma matriz não reforçada, com base em medições de indentação [Zhan et al., 2003]. Por outro lado, novos resultados de Wang et al. demonstram que a técnica de indentação/comprimento de fenda não é válida para estes materiais. Wang et al. fabricaram materiais de CNT-alumina utilizando o método de Zhan et al, mas realizaram o ensaio de viga com entalhe em V de aresta única, muito mais fiável, que não revelou um aumento da tenacidade, refutando assim as afirmações de elevada tenacidade de Zhan et al. Para reforçar a sua conclusão, Wang et al. realizaram ensaios de indentação nos CNT-CMC e em compósitos contendo apenas partículas de grafite e mostraram que o comportamento de indentação é semelhante nos dois materiais: a fissuração é suprimida, pelo que a tenacidade "aparente" é elevada [Wang et al., 2004].

- Síntese de CNTs através de reforma térmica automática (ART) de acetato de etilo

Xue et al., 2018 investigaram o óleo de cozinha usado (WCO) e o acetato de etila como fontes de carbono para sintetizar CNTs de forma controlável por meio de um novo método de reforma autotérmica "ATR". A coprodução de CNTs e H2 a partir de acetato de etila e WCO foi alcançada com sucesso sobre o catalisador Ni3La7Oy/Al2O3 [Zhao et al., 2017]. Os efeitos da temperatura de reação, tempo de reação e reagentes no crescimento de CNTs foram discutidos. Os CNTs poderiam ser facilmente formados a 600° C, e esses CNTs continham numerosos defeitos e vagas. Temperaturas de reação mais elevadas, como 700 e 800° C, levaram à formação de CNTs com menor diâmetro. O aumento do tempo de reação aumentou a grafitização e a pureza dos CNTs **Fig. (13).** Além disso, a quantidade de CNTs diminuiu ao aumentar o tempo de reação a baixa temperatura de reação (< 600° C), enquanto a quantidade de CNTs aumentou a alta temperatura de reação (700 e 800° C) [Brownlie e Shapter 2018]. Além disso, o aumento da quantidade de O2 e TO nos reagentes reduziu a formação de espécies irregulares de carbono e promoveu a síntese de CNTs com diâmetro ultrapequeno.

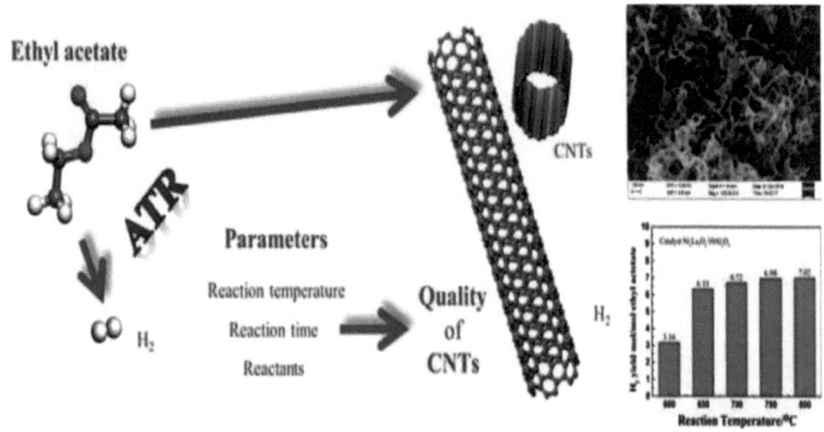

Fig. (13) Esquema da síntese de CNTs através da reforma térmica automática (ART) do acetato de etilo

Capítulo 4

Modificação sonoquímica de CNTs para melhorar o desempenho dos nanocompósitos:

A utilização de ultra-sons de alta potência oferece uma ferramenta potencialmente fácil e versátil para a funcionalização/oxidação superficial de nanotubos, reduzindo o tempo de reação e os requisitos globais de energia. Os nanotubos de carbono de paredes múltiplas (MTCNTs) foram tratados utilizando ultra-sons de 20 kHz em combinação com ácidos nítrico e sulfúrico diluídos a baixas concentrações. As medições revelaram que existe um conjunto ótimo de condições de sonicação para ultrapassar a agregação dos nanotubos e permitir uma dispersão eficiente em etanol ou em quitosano. Para reduzir a severidade das condições de reação necessárias para a modificação de CNT, a modificação sonoquímica foi recentemente estudada [Tian et al., 2016]. Os CNTs são muito hidrofóbicos e são difíceis de dispersar em matrizes poliméricas, uma vez que se agregam facilmente devido a fortes interações de van der Waals [Wang et al., 2003]. A microscopia eletrónica de transmissão e a espetroscopia Raman sugeriram a remoção de material amorfo e a redução do diâmetro dos CNT, bem como modificações nas suas estruturas defeituosas. A oxidação da superfície foi determinada por espetroscopia FTIR. Com tempos mais longos ou intensidades de ultra-sons mais elevadas, ocorreu degradação, como o encurtamento dos nanotubos e a geração de defeitos adicionais na rede grafítica, e os benefícios da utilização de ultra-sons diminuíram.

Os CNT modificados foram utilizados como enchimento de películas de quitosano e permitiram aumentar dez vezes a resistência à tração e a integridade das películas. A metodologia foi combinada com a geração sonoquímica de nanopartículas de ouro ou de óxido de ferro para produzir uma gama de membranas funcionais para hidrogenação redutora catalítica ou degradação de corantes em condições mais benignas para o ambiente do que as anteriormente utilizadas **Fig. (14).** Os resultados de Price et al., 2018 aumentam ainda mais a utilidade da sonoquímica como uma ferramenta valiosa na química de materiais preparativos, mas também ilustram a importância crucial de um controle cuidadoso sobre as condições experimentais para obter resultados ótimos [Price et al., 2018].

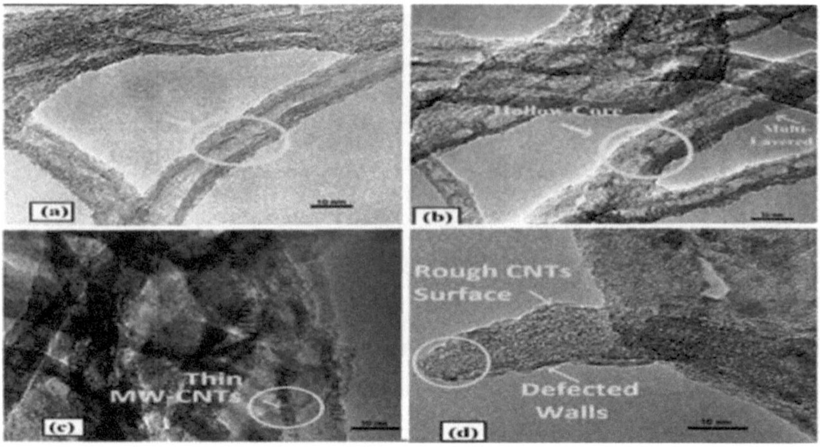

Fig. (14) Imagens HRTEM para CNTs: **(a)** não tratados **(b)** 30 min a 12 Wcm^^{2} **(c)** 60 min 12Wcm^^{2} **(d)** 30 min a 18Wcm^^{2} [Price et al., 2018].

Capítulo 5

- Modificação de nanotubos de carbono por proteínas glicosiladas anfifílicas

A utilização de biomoléculas bifuncionais não covalentes em materiais nanocompósitos é uma forma eficaz de dispersar componentes à escala nanométrica e de introduzir fortes interações entre o material de enchimento e os materiais da matriz [Fang et al., 2018]. A organização precisa de nanomateriais com biomoléculas funcionais desempenha um papel fundamental em muitos materiais naturais. Os nanotubos de carbono de parede simples (SWCNTs) têm sido aplicados numa vasta gama de materiais, incluindo compósitos, revestimentos e filmes condutores, armazenamento de energia e dispositivos microeletrónicos devido às suas extraordinárias propriedades elétricas e mecânicas [De Voider et al., 2013]. Os nanotubos de carbono de parede simples (SWCNTs) foram funcionalizados por uma proteína anfifílica auto-montável que permitiu a sua dispersão na matriz de celulose nanofibrilada. É desejável adicionar componentes funcionais, como os SWCNTs, à rede de CNF para conceber novas estruturas de nanocompósitos funcionais. Foram efectuadas várias tentativas para misturar CNTs com CNF para produzir nanocompósitos, incluindo aerogéis, películas e fibras **Fig. (15)** [Hamedi et al., 2013]. A proteína continha uma zona hidrofóbica e um domínio glicosilado e, devido à sua dupla funcionalidade, foi capaz de se reunir na interface dos nanotubos de carbono e da celulose nanofibrilada, melhorando assim as interações entre eles. A condutividade eléctrica dos compósitos de nanocelulose/nanotubos de carbono foi melhorada em cerca de 5 vezes quando os nanotubos modificados com proteínas foram aplicados. Também se observou uma melhoria das propriedades mecânicas devido às proteínas. A introdução de biomoléculas inteligentes na superfície dos SWCNTs melhorou claramente a condutividade eléctrica do nanocompósito ao reduzir o limiar de percolação dos nanotubos na matriz de CNF [Wang et al., 2013].

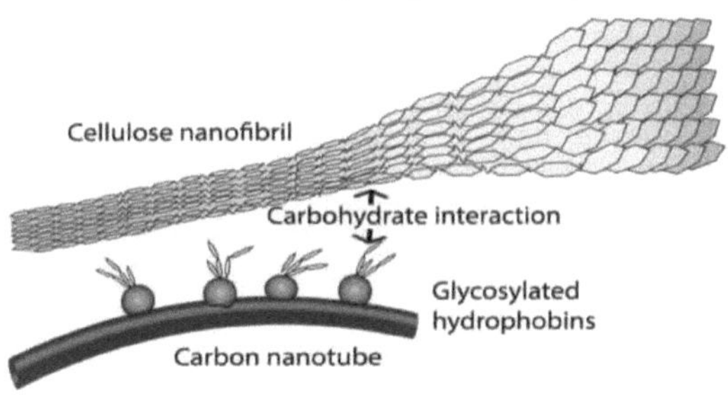

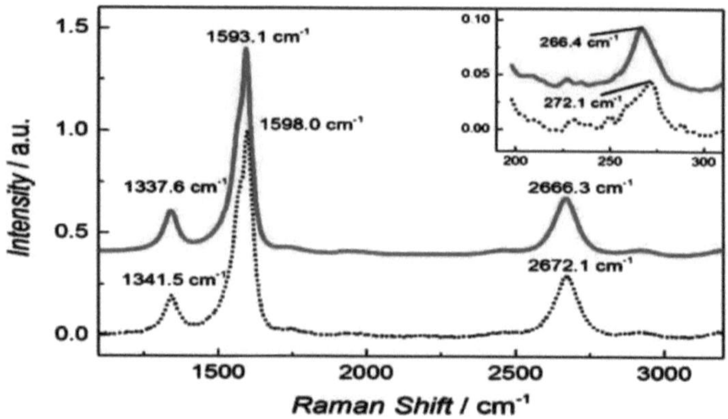

Fig. (15) Espectros Raman de amostras de nanofibrilhas de celulose (CNF) contendo 5 wt% de nanotubos de carbono (pontilhado preto) e 5 wt% de nanotubos de carbono decorados com hidrofobina glicosilada (FpHYD5) (sólido vermelho). Inserção: O modo de respiração do espetro Raman. https://doi.org/10.1016Zi.icis.2017.10.034

Capítulo 6

- Classificações dos nanotubos de carbono

Todas as diferentes formas de CNT, como os nanotubos de carbono de parede simples (SWNT) e os nanotubos de carbono de parede múltipla (MWNT), têm atraído diferentes aplicações internacionais. Os nanotubos existem como estruturas de parede simples ou de parede múltipla. Os nanotubos de parede múltipla (MWNT) são simplesmente compostos por nanotubos concêntricos de parede simples (SWNT) **Fig. (16 a & b).**

1- Os nanotubos de parede simples possuem melhores propriedades do que os nanotubos de parede múltipla, mas a relativa simplicidade na preparação de nanotubos de parede múltipla e a facilidade no seu isolamento e purificação tornam-nos mais económicos para a maioria das aplicações, incluindo a dispersão em matriz cerâmica. Outra propriedade que está a receber muita atenção é a superfície dos nanotubos, nomeadamente a interface entre os nanotubos de carbono e a matriz composta circundante.

2- Os nanotubos de carbono de paredes múltiplas com uma gama diametral de 5-40 nm são conhecidos pelas suas propriedades mecânicas excepcionais. Os MWNT, cujo módulo é comparável ao do diamante (1,2 TPa), são conhecidos por terem resistências 10 a 100 vezes superiores às do aço mais resistente a uma

fração do peso. Este facto, associado a uma área de superfície aproximadamente 500 vezes superior por grama (com base na fração de volume equivalente da fibra de carbono típica) e a rácios de aspeto de cerca de 1000, criou um grande interesse na utilização de CNT como fase de reforço de matrizes poliméricas [Daenen et al., 2003].

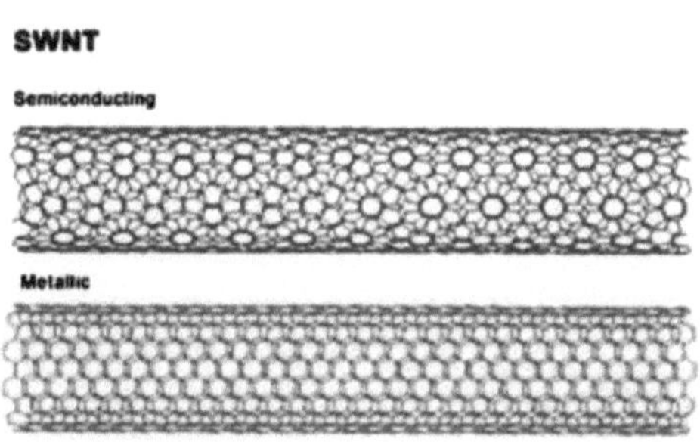

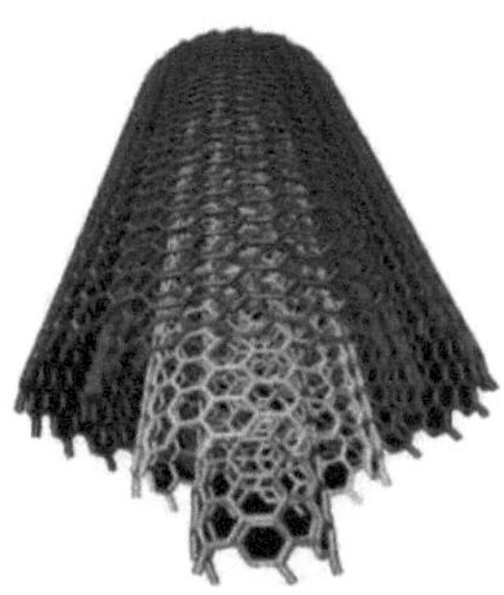

Fig (16a): Parede simples **Fig (16b):** Nanotubos de paredes múltiplas [Daenen et al., 2003]

Capítulo 7

- Caracterização de nanotubos de carbono:

Para compreender as propriedades dos CNT, é necessário caraterizar a sua estrutura a nível atómico. Têm sido utilizados vários métodos analíticos para investigar a estrutura dos nanomateriais. Por exemplo, o microscópio eletrónico de varrimento (SEM) e a microscopia eletrónica de transmissão (TEM) são ferramentas muito úteis para a análise de imagens e estruturas. Entre todos os instrumentos de feixe de electrões, o MEV é o mais utilizado para obter informações à nanoescala de vários nanomateriais. São obtidas imagens de alta qualidade com uma resolução de imagem de 0,5 nm. TEM determina a estrutura atómica de interfaces e defeitos com elevada precisão de posição.

A resolução de TEM atinge até O.lnm. Outra vantagem do microscópio eletrónico é que oferece a acessibilidade de espetroscopia e difração associadas. Por exemplo, SEM e TEM fornecem análise quantitativa e determinação da composição química quando combinados com espetrometria de raios-X dispersiva de energia (EDX). A técnica mais utilizada para explorar a estrutura geral dos CNTs é a TEM, que tem sido utilizada desde que os CNTs foram descobertos. Existem outros métodos que têm sido utilizados para estudar a estrutura dos CNT, como a microscopia de tunelamento de varrimento (STM), a espetroscopia Raman, a microscopia de força atómica (AFM) e a difração de raios X (XRD).

- Difração de raios X (XRD)

O XRD não é destrutivo para a amostra e é utilizado para obter algumas informações sobre o espaçamento entre camadas, a tensão estrutural e as impurezas. No entanto, os nanotubos de carbono têm múltiplas orientações em relação ao feixe de raios X incidente. Também são observados diâmetros e distribuição de quiralidade, bem como vários números de camadas para MWNTs. Isto conduz a uma caraterização estatística dos nanotubos de carbono. Devido à sua natureza intrínseca, as principais caraterísticas do padrão de difração de raios X dos CNTs são próximas das da grafite **Fig. (17).**

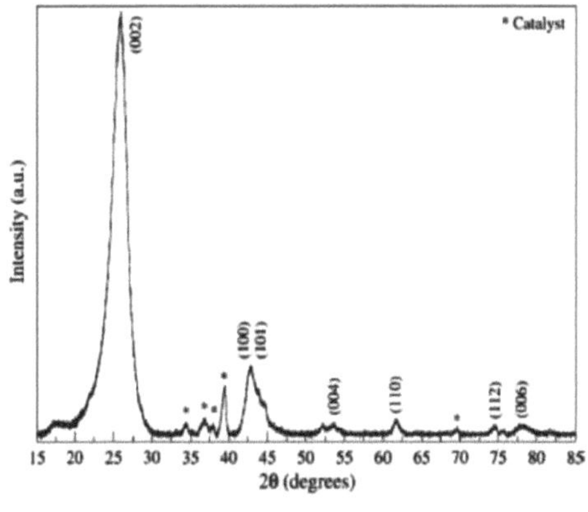

Fig. (17) Padrão **XRD** dos MWNTs sintetizados por **CVD**

- Microscópio eletrónico de transmissão (TEM):

A microestrutura interna e a estrutura cristalina das amostras que são suficientemente finas para transmitir electrões podem ser analisadas com Microscopia Eletrónica de Transmissão (TEM). A TEM é utilizada para medir o raio exterior e interior e o coeficiente de absorção linear para estudos de CNT. É o instrumento mais útil para determinar o diâmetro de SWNTs e MWNTs e o número de paredes. O espaçamento intershell de MWNTs também foi estudado com alta resolução TEM e encontrado entre os intervalos de 0,34-0,39 (nm) [Aqel et al., 2012].

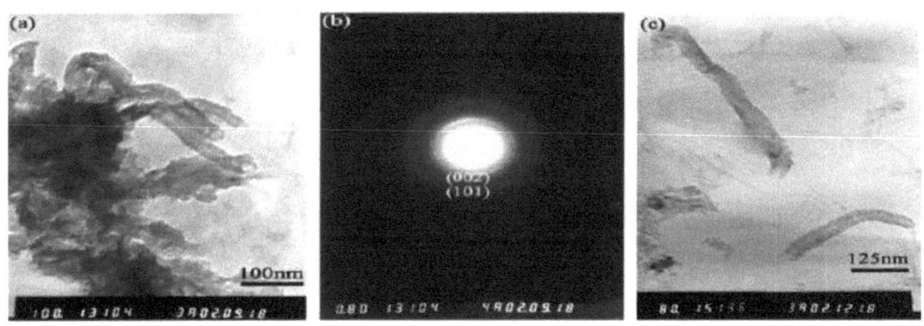

Fig. (18) Imagem TEM de nanotubos de carbono: **(a)** imagem mostrando vários nanotubos de carbono, **(b)** padrão de difração de electrões de área selecionada de um nanotubo de carbono, **(c)** imagem mostrando dois nanotubos de carbono cujas pontas podem ser claramente vistas [Aqel et al., 2012].

A imagem TEM dos CNTs assume a forma de nanotubos com um diâmetro médio interior (exterior) de 5-20 nm (15-40 nm) e com comprimentos até 0,3 lm. Os nanotubos de carbono são de extremidade aberta, ligeiramente mais grossos e mais curtos **Fig. (18).**

Microscópio eletrónico de varrimento (SEM):

O SEM capta a morfologia da amostra através do varrimento da superfície com um feixe de electrões de alta energia. A MEV é o primeiro passo para caraterizar os CNTs. Utilizando o SEM, a morfologia dos CNT, as suas dimensões e as suas orientações podem ser facilmente observadas **Fig. (19).** Os diâmetros dos CNTs também podem ser medidos aproximadamente com o MEV [Aqel etal., 2012].

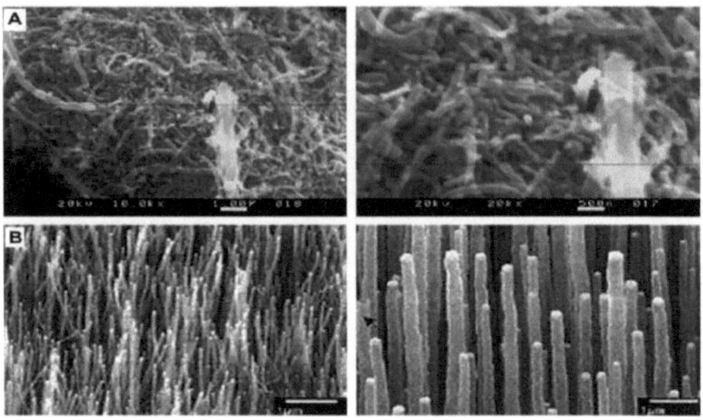

Fig. (19) (A) Micrografias electrónicas de varrimento de CNTs com ampliações de 10.000 e 20.000. **(B)** Micrografias mostrando CNT alinhados [Aqel et al., 2012].

- Espectroscopia Raman

A espetroscopia micro-Raman é geralmente utilizada para estudar a qualidade dos CNT **Fig. (20).** Esta técnica fornece informações pormenorizadas sobre a configuração dos CNT. O número de paredes, a presença de carbono cristalino e amorfo e o diâmetro dos CNT podem ser determinados com a espetroscopia Raman.

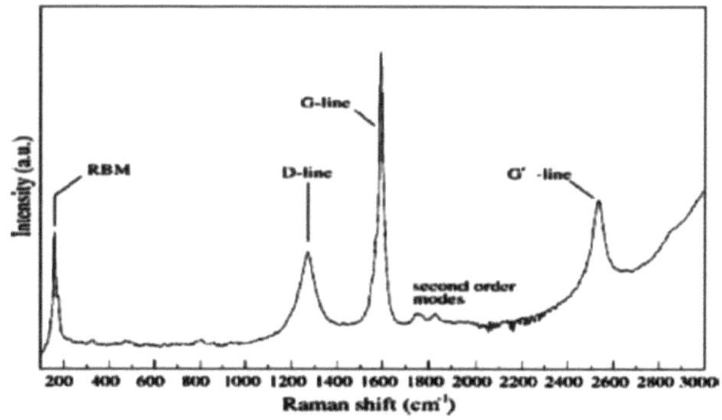

Fig. (20) Espectro Raman mostrando as caraterísticas mais marcantes dos CNTs produzidos pelo método de descarga por arco [Aqel et al., 2012].

Capítulo 8

- Propriedades dos nanotubos de carbono:

Os CNT ganharam interesse como materiais à nanoescala devido à sua combinação única de propriedades mecânicas [módulo de Young (Van Lier et al., 2000) e resistência à tração até 60 GPa (Yu et al, 2000)], eléctrica [condutividade eléctrica máxima a 300 K~10^6 (S/m) para SWNT e >105 (S/m) para MWNT (Ando et al., 1999)] e propriedades térmicas [condutividade térmica máxima de 6600 (W/mK) para um SWNT individual e > 3000 (W/mK) para um MWNT individual (Biercuk et al, 2002)], bem como baixa densidade, flexibilidade, estabilidade térmica tão alta quanto 2000-2400 ° C em uma atmosfera de argônio ou sob vácuo [Zhang et al., 2005] e grande proporção (diâmetro tão baixo quanto 3.3A [Peng et al., 2000] e comprimento tão alto quanto 6 (mm), CNTs disponíveis comercialmente têm diâmetros ~ nm e comprimentos de μm, portanto, a proporção pode variar de 10 -10 .[38]

As propriedades electrónicas, moleculares e estruturais dos nanotubos de carbono são determinadas, em grande medida, pela sua estrutura quase unidimensional. As propriedades mais importantes dos CNT e o seu contexto molecular são apresentados de seguida.

- Reatividade química. A reatividade química de um CNT é, em comparação com uma folha de grafeno, melhorada como resultado direto da curvatura da superfície do CNT. A reatividade dos nanotubos de carbono está diretamente relacionada com o desfasamento pi-orbital causado por uma curvatura acrescida. Por conseguinte, deve ser feita uma distinção entre a parede lateral e as tampas das extremidades de um nanotubo. Pela mesma razão, um diâmetro menor do nanotubo resulta numa maior reatividade.

- Condutividade eléctrica. Os nanotubos de carbono com um diâmetro pequeno são semi-condutores ou metálicos. As diferenças nas propriedades condutoras são causadas pela estrutura molecular que resulta numa estrutura de banda diferente e, por conseguinte, num intervalo de banda diferente. A resistência à condução é determinada por aspectos de mecânica quântica e provou ser independente do comprimento do nanotubo.

- Atividade ótica. Estudos teóricos revelaram que a atividade ótica dos nanotubos desaparece se os nanotubos forem maiores. Por conseguinte, é de esperar que outras propriedades físicas também sejam influenciadas por estes parâmetros. A utilização da atividade ótica pode resultar em dispositivos ópticos nos quais os CNT desempenham um papel importante.

- **Resistência mecânica.** Os nanotubos de carbono têm um módulo de Young muito grande na sua direção axial. O nanotubo como um todo é muito flexível devido ao seu grande comprimento. Por conseguinte, estes compostos são potencialmente adequados para aplicações em materiais compósitos que necessitem de propriedades anisotrópicas

- **Propriedades térmicas.** Espera-se que todos os nanotubos sejam muito bons condutores térmicos ao longo do tubo, exibindo uma propriedade conhecida como "condução balística", mas bons isoladores lateralmente ao eixo do tubo. As medições mostram que um SWNT tem uma condutividade térmica à temperatura ambiente ao longo do seu eixo de cerca de 3500 Wm^{1} $.K^{1}$ [Padture 2009] compare isto com o cobre, um metal bem conhecido pela sua boa condutividade térmica, que transmite 385 $W·m^{-1}$ $·K$ $.^{-1}$

Um SWNT tem uma condutividade térmica à temperatura ambiente ao longo do seu eixo (na direção radial) de cerca de 1,52 Wm^{1} $.K^{1}$ [Cho et al., 2011], o que é tão condutor térmico como o solo. Estima-se que a estabilidade térmica dos nanotubos de carbono seja de até 2800° C no vácuo e de cerca de 750° C no ar [Fan et al., 2006].

- As propriedades físico-químicas dos CNT influenciam o comportamento e o destino celular global

As propriedades únicas dos nanotubos de carbono de parede simples (SWCNTs) tornam-nos candidatos viáveis para uma implementação versátil na próxima geração de dispositivos biomédicos para a administração direcionada de agentes quimioterapêuticos ou sondas de deteção celular. Tal implementação requer alterações adaptadas ao utilizador nas caraterísticas físico-químicas dos SWCNTs para permitir uma integração celular eficiente, mantendo a funcionalidade dos nanotubos [Wen et al., 2015]. No entanto, relatórios isolados mostraram que a adaptação pelo utilizador poderia induzir efeitos deletérios nas células expostas, desde a diminuição da proliferação celular, a alterações na adesão celular, a geração de espécies reactivas de oxigénio ou variações fenotípicas, só para citar alguns. Antes de se conseguir a plena aplicação dos SWCNT, é necessário correlacionar mecanicamente os seus perfis toxicológicos com as suas propriedades físico-químicas para determinar de que forma o destino celular induzido está relacionado com as condições de exposição ou com as caraterísticas das amostras. O nosso estudo fornece uma análise abrangente dos efeitos sinérgicos citotóxicos e genotóxicos resultantes da exposição a curto prazo de células epiteliais do pulmão humano a SWCNTs pristinos (tal como fabricados) e adaptados pelo utilizador, em função das suas propriedades físico-químicas. Especificamente, através de uma abordagem sistemática, estamos a correlacionar a absorção de nanotubos e as alterações celulares induzidas pelos nanotubos com as caraterísticas físico-químicas da amostra (por exemplo, impurezas metálicas, comprimento, tamanho do aglomerado, área de superfície, dispersão e funcionalização da superfície). Ao identificar alterações nas caraterísticas activas envolvidas nas ligações célula-célula e na manutenção da integridade da camada epitelial, também determinamos o papel que a exposição a curto prazo aos SWCNTs desempenha no destino celular global e na transformação celular. Por último, avaliamos as relações entre a estrutura e a função celular para identificar vias não apoptóticas induzidas pela exposição a SWCNTs que poderiam, no entanto, levar a alterações no comportamento celular e na transformação celular. Os nossos resultados mostram que o grau de transformação celular é função das propriedades físico-químicas dos SWCNT, sendo que os nanotubos com maior comprimento, maior teor de metal e maior tamanho de aglomerado reduzem mais a viabilidade celular. Tais mudanças na viabilidade celular também são complementadas por mudanças na estrutura celular, ciclo e interações célula-célula, todas responsáveis pela manutenção do destino celular [Eldawuda etal.,2018].

- Aplicações potenciais dos nanotubos de carbono

Os arranjos atómicos dos átomos de carbono são responsáveis pelas propriedades eléctricas, térmicas e mecânicas únicas dos CNT.

- Condutividade eléctrica

As propriedades eléctricas dos nanotubos de carbono dependem da orientação dos hexágonos ao longo do eixo do tubo. **A Fig. (21)** mostra as três orientações possíveis: armchair, ziguezague e quiral.

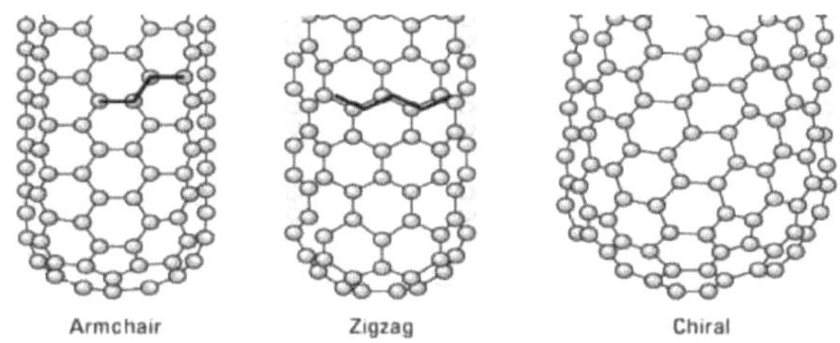

Fig. (21) As propriedades eléctricas dependem da orientação dos hexágonos

- Como cabos e fios eléctricos.

Os fios para transporte de corrente eléctrica podem ser fabricados a partir de nanotubos puros e de compósitos de nanotubos e polímeros. Recentemente, foram fabricados pequenos fios com uma condutividade específica superior à do cobre e do alumínio; estes cabos são os cabos de nanotubos de carbono com maior condutividade e também os cabos não metálicos com maior condutividade. Jarosz et al., 2011, estudaram a forma como os nanotubos de carbono (CNT) oferecem oportunidades de integração em fios e cabos para a transmissão de energia e de dados devido às suas propriedades físicas e electrónicas únicas. Os fios e fitas macroscópicos de CNT são atualmente apresentados como substitutos viáveis dos condutores metálicos em demonstrações à escala laboratorial de cabos coaxiais, USB e Ethernet. Em certas aplicações, como o condutor exterior de um cabo coaxial, os materiais de CNT podem ser posicionados para substituir os metais de modo a obter benefícios substanciais (por exemplo, redução da massa do cabo por unidade de comprimento (massa/comprimento) até 50% em alguns casos). Os materiais de CNT a granel possuem várias propriedades únicas que podem oferecer vantagens sobre os condutores metálicos, como a tolerância à flexão e a estabilidade ambiental. Especificamente, observou-se que os fios de CNT suportam mais de 200.000 ciclos de flexão sem aumentar a resistividade.

- Como pilhas de papel

Uma bateria de papel é uma bateria concebida para utilizar uma folha fina de celulose (que é o principal constituinte do papel normal, entre outras coisas) infundida com nanotubos de carbono alinhados. Os nanotubos actuam como eléctrodos, permitindo que os dispositivos de armazenamento conduzam eletricidade. A bateria, que funciona como uma bateria de iões de lítio e um supercondensador, pode fornecer uma saída de energia longa e constante comparável a uma bateria convencional, bem como uma explosão rápida de alta energia de um supercondensador e, enquanto uma bateria convencional contém uma série de componentes separados, a bateria de papel integra todos os componentes da bateria numa única estrutura, tornando-a mais eficiente em termos energéticos.

- Células solares

Células solares, formadas por uma mistura de nanotubos de carbono e buckyballs de carbono (conhecidos como fulerenos) para formar estruturas semelhantes a serpentes. As bolas de bucky prendem os electrões, embora não possam fazer com que os electrões fluam. Acrescente-se luz solar para excitar os polímeros e os buckyballs agarram os electrões. Os nanotubos, que se comportam como fios de cobre, serão então capazes de fazer fluir os electrões ou a corrente.

- No domínio da medicina. Na terapia do cancro Kanzius, os nanotubos de carbono de parede simples são inseridos à volta das células cancerosas e depois excitados com ondas de rádio, o que faz com que aqueçam e matem as células circundantes. Os investigadores demonstraram que os nanotubos de carbono e os seus nanocompósitos poliméricos são materiais de suporte adequados para a proliferação de células ósseas e a formação de ossos.

- Domínio estrutural. Devido às propriedades mecânicas superiores dos nanotubos de carbono, foram propostas muitas estruturas, desde artigos do quotidiano, como vestuário e equipamento desportivo, a casacos de combate e elevadores espaciais. No entanto, o elevador espacial exigirá mais esforços para aperfeiçoar a tecnologia dos nanotubos de carbono, uma vez que a resistência à tração dos nanotubos de carbono pode ainda ser muito melhorada.

- Hibridação in situ de CNTs com células bacterianas Muitas aplicações foram relatadas para os nanotubos de carbono e podem ser agrupadas nos seguintes itens:

1- Armazenamento de energia	2- Armazenamento de hidrogénio
3- Intercalação de lítio	4- Supercapacitores electroquímicos
5- Eletrónica molecular com CNTs	6- Dispositivos emissores de campo
7- Transístores	8- Nano-sondas e sensores
9- Materiais compósitos	10- Modelos
11- Armazenamento de energia	12- Armazenamento eletroquímico de hidrogénio

Capítulo 9

Hibridação in situ de CNTs com celulose bacteriana para bioscaffolds híbridos 3D

Os CNT têm demonstrado um grande potencial nos domínios biomédicos. No entanto, as aplicações in vivo de CNTs para medicina regenerativa têm sido prejudicadas por dificuldades associadas ao fabrico de andaimes tridimensionais (3D) de CNTs devido à natureza nanométrica dos CNTs. Park et al., 2015 desenvolveram um novo método para a biossíntese de andaimes 3D baseados em CNT, hibridizando in situ CNTs com celulose bacteriana (BC), que tem uma estrutura ideal para andaimes de engenharia de tecidos. Isto foi conseguido simplesmente através da cultura de *Gluconacetobacter xylinus,* bactérias sintetizadoras de BC, em meio contendo CNTs. No entanto, os CNTs pristinos agregavam-se no meio, o que dificultava a hibridação homogénea dos CNTs com os suportes de BC, e a energia de ligação entre os CNTs pristinos hidrofóbicos e a BC hidrofílica era demasiado pequena para que a hibridação ocorresse. Para ultrapassar estes problemas, um polímero anfifílico tipo pente (APCLP) foi adsorvido nos CNTs. A BC foi escolhida como o material de suporte 3D para a hibridização de CNTs devido à sua estrutura ideal para suportes de engenharia de tecidos. O APCLP foi utilizado para promover a estabilidade coloidal dos CNTs e induzir a hibridação entre os CNTs e a BC, o que permitiu uma hibridação homogénea e eficaz dos CNTs com a BC. Ao contrário dos andaimes de BC revestidos com CNT (CNT-BC-Imm) formados por imersão de andaimes de BC 3D em solução de CNT, o andaime híbrido CNT-BC adsorvido com APCLP (CNT-BC-Syn) apresentou CNTs homogeneamente distribuídos por toda a estrutura microporosa 3D de BC. É importante salientar que, em contraste com as estruturas CNT-BC-Imm, as estruturas CNT-BC-Syn apresentaram uma excelente osteocondutividade e osteoindutividade que conduziram a uma elevada eficácia de regeneração óssea. Esta estratégia pode abrir uma nova via para o desenvolvimento de suportes 3D bio-funcionais para medicina regenerativa **Fig. (22-24).**

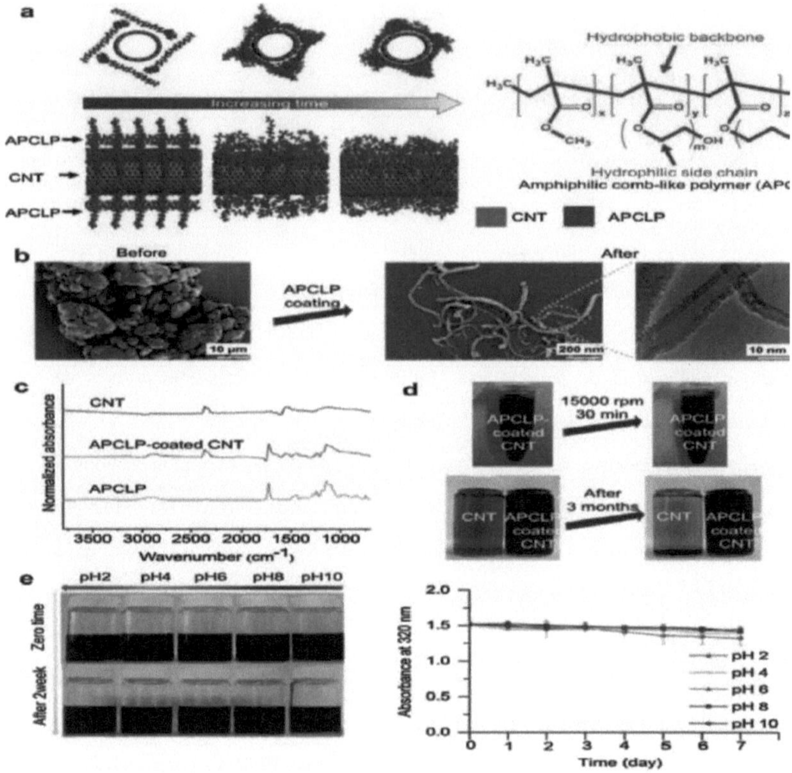

Fig. (22) Dispersão de CNTs mediada por APCLP. **(a)** Simulação MD de CNT revestido com APCLP. **(b)** Imagens SEM e TEM de CNTs antes e depois do revestimento APCLP, **(c)** Espectro de espetroscopia de infravermelho com transformada de Fourier de CNT, APCLP e CNT revestido com APCLP. **(d)** Estabilidade coloidal do CNT e do CNT revestido com APCLP após centrifugação e após 3 meses, **(e)** Estabilidade coloidal do CNT revestido com APCLP em várias condições de pH do meio de cultura [Park et al., 2015].

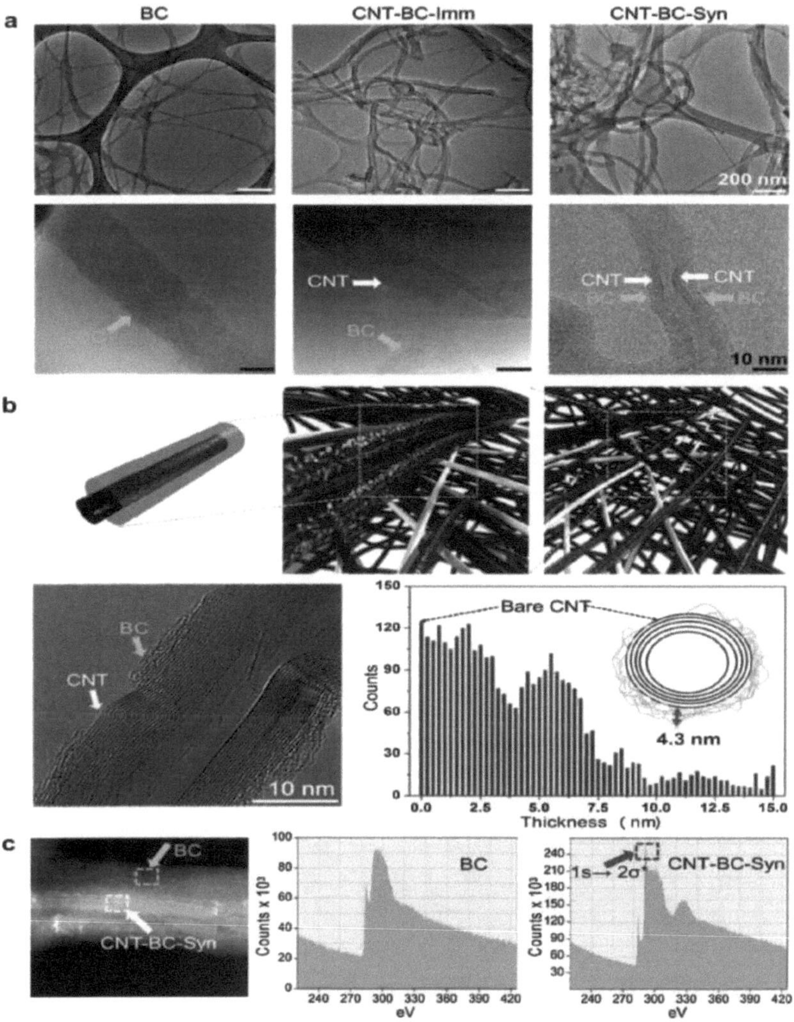

Fig. (23) Análises da hibridização entre CNTs e **BC. (a)** Imagens TEM de BC, CNT-BC-Imm e CNT-BC-Syn. **(b)** Distribuição da espessura da camada de BC sobre os CNTs, mostrando a exposição parcial dos CNTs nus. **(c)** Espectros EELS de BC e CNT-BC-Syn, mostrando a estrutura de hibridização da casca do núcleo de CNT-BC-Sy [Park et al., 2015].

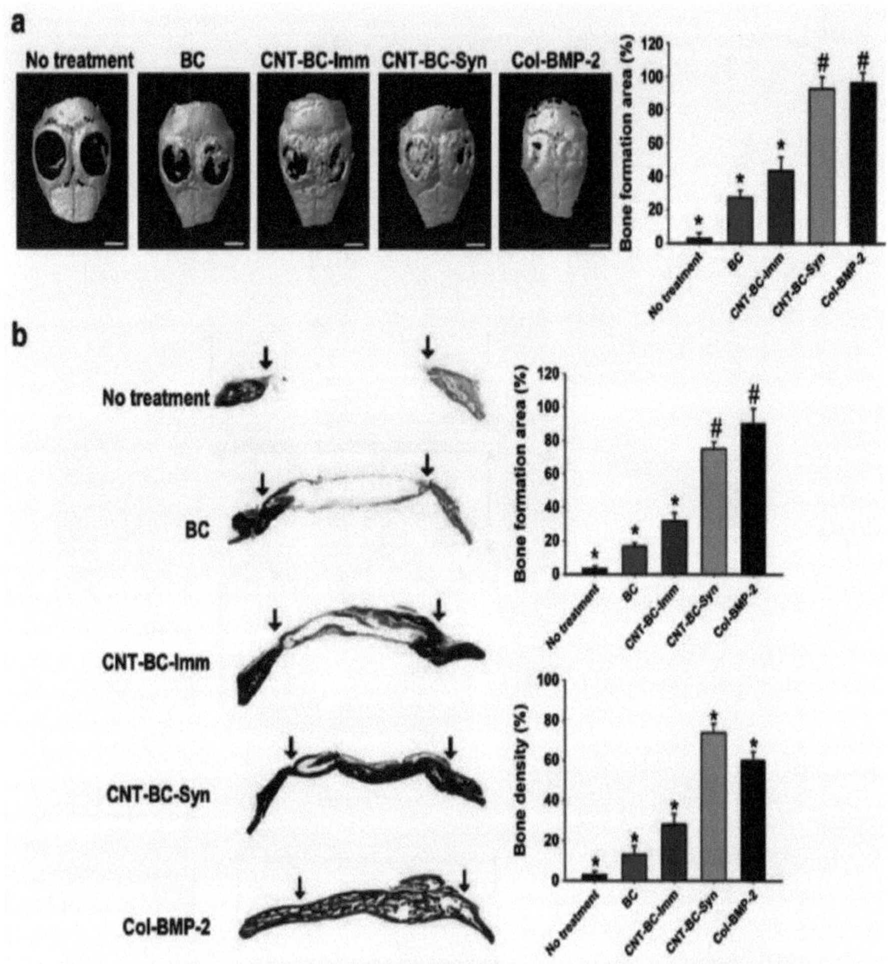

Fig. (24) Eficácia da regeneração óssea das plataformas, avaliada através da implantação de plataformas em defeitos da calvária de ratinhos durante 8 semanas. As plataformas de colagénio carregadas com BMP-2 (Col-BMP-2) serviram de controlo positivo. **(a)** Regeneração óssea avaliada por análises de micro-CT e quantificação da área de regeneração óssea nos defeitos. **(b)** Coloração com tricrómio de Goldner das áreas de defeito da calvária do rato e quantificação da área de formação óssea e da nova densidade óssea nos defeitos. As setas indicam a margem do defeito ósseo [Park et al., 2015].

Capítulo 10

- Terapia tumoral termoacústica de alta eficiência bombeada por micro-ondas com SWCNTs:

As micro-ondas de impulsos ultracurtos podem excitar a forte onda de choque termoacústica (TA) e penetrar profundamente nos tecidos biológicos. Com base nisso, Wen et al., 2016 desenvolveram uma nova modalidade de terapia tumoral profunda com nanotubos de carbono de parede única (SWNTs) direcionados a mitocôndrias como agentes absorventes de micro-ondas, que atuam eficientemente para converter energia de micro-ondas ultracurta em onda de choque TA e destruir seletivamente as mitocôndrias direcionadas, induzindo assim apoptose em células cancerígenas. Após o tratamento de SWNTs (40 mg/mL) e micro-ondas ultra-curtas (40 Hz, 1 min), 77,5% das células cancerígenas foram mortas e a grande maioria foi causada por apoptose que se inicia a partir de danos mitocondriais. Os camundongos com câncer de fígado foram estabelecidos como modelo de tumor profundo para investigar o efeito antitumoral da terapia com AT direcionada às mitocôndrias Qin et al., 2015.

Os resultados sugerem que a terapia com AT pode inibir eficazmente o crescimento do tumor sem quaisquer efeitos secundários observáveis, o que era difícil de conseguir com a terapia foto-térmica ou fotoacústica. Estas descobertas implicam a aplicação potencial da terapia com AT em modelos de tumores profundos e devem ser testadas mais aprofundadamente para se tornarem uma modalidade terapêutica promissora no tratamento do cancro. Embora esta técnica ainda tenha um imenso potencial para ser melhorada, o trabalho de Wen abre uma nova e excitante avenida no desenvolvimento da AT para a terapia de tumores ortotrópicos profundos em investigação clínica **Fig. (25 & 26).**

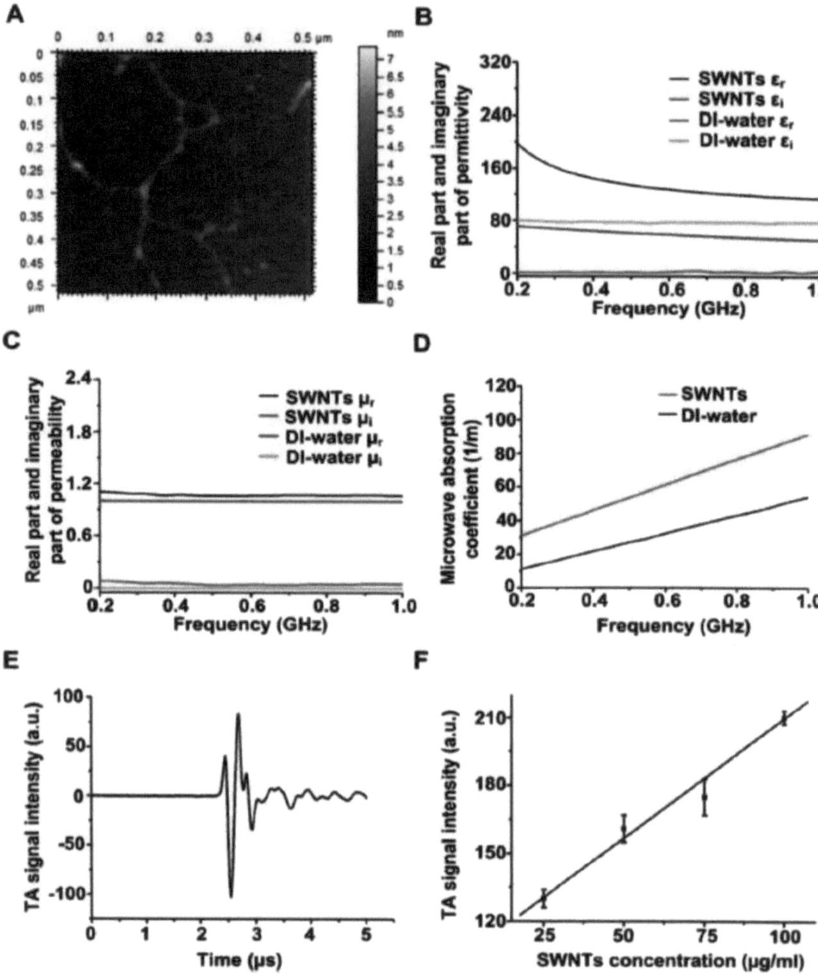

Fig. (25) Caracterização dos SWNTs. **(A)** Imagem AFM dos SWNTs; **(B)** Componente real e imaginária da permissividade relativa complexa; **(C)** Componente real e imaginária da permeabilidade complexa relativa; **(D)** Coeficientes de absorção dos SWNTs e da água desionizada (DI-water). (E) Sinais de AT dos SWNTs em micro-ondas ultracurtas. (F) Intensidade de pico do sinal de AT versus os SWNTs em diferentes concentrações [Wen et al., 2016].

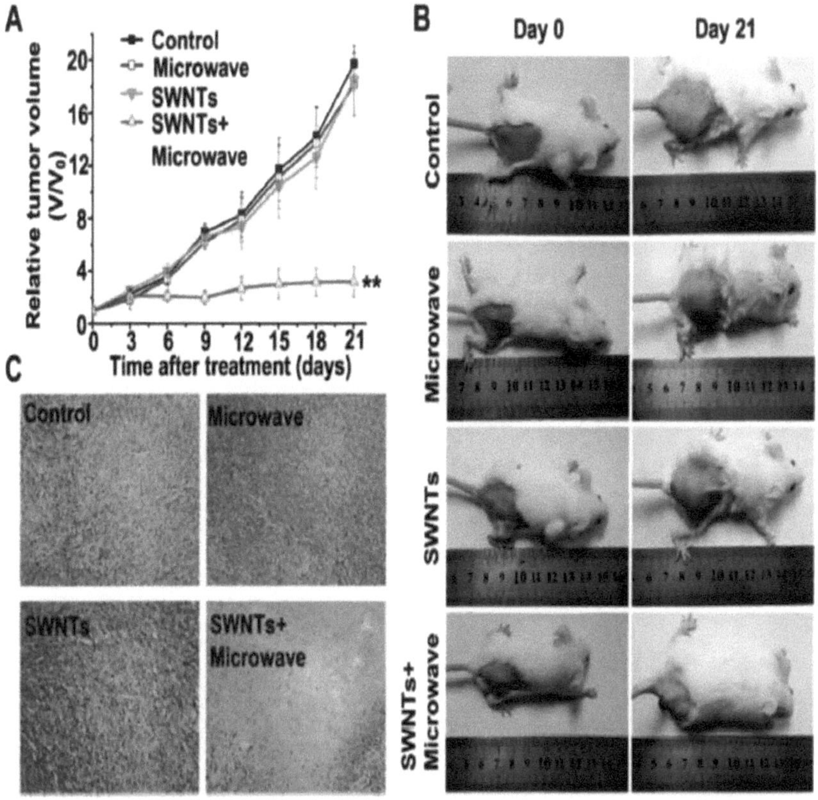

Fig. (26) Terapia termoacústica (TA) em modelo de tumores xenoenxertados subcutâneos. **(A)** Alteração volumétrica relativa no tamanho do tumor em vários grupos de tratamento. (Vo = volume do tumor no momento do tratamento com micro-ondas) Os dados representam a média ± DP (n = 6; **p < 0,01 vs. grupo de controlo); (B) Imagens fotográficas de diferentes tratamentos em tumores antes e após 21 dias de tratamento; (C) Exame histopatológico dos tumores excisados 24 h após o tratamento. (Espécimes representativos corados com H&E com ampliação de x 10) Foi observado um elevado nível de escamas nos tumores tratados com SWNTs + Micro-ondas.

- Aplicações médicas para o escoamento de nanofluidos suspensos com CNTs na presença de condições convectivas

Na nanomedicina, tenta-se utilizar os CNT como transportadores de medicamentos, especialmente no tratamento do cancro. Os CNT são primeiro injectados no sangue, que depois chega ao local do tumor sob a ação das ondas propagadas pelas paredes das artérias com uma força externa, como um campo magnético ou raios laser. O fluxo perto do limite da artéria pode ser tratado como um fluxo de camada limite apenas para simplificação. Na ciência aplicada, o fluxo e a transferência de calor dos CNT são geralmente descritos por sistemas de equações diferenciais não lineares. Devido às não linearidades, as soluções exactas desses sistemas não podem ser obtidas na maioria dos casos.

Propõe-se um procedimento analítico eficaz para deduzir a solução exacta de um sistema de equações diferenciais não lineares que descreve o efeito de uma condição térmica convectiva no escoamento e na transferência de calor de nanofluidos suspensos em nanotubos de carbono com sucção/injeção na presença de um campo magnético. A equação de transferência de calor é resolvida através da aplicação da transformada de Laplace e a solução é expressa em termos da função gama incompleta generalizada [Ebaid and Al Sharif2015]. Os resultados declaram que os perfis de temperatura são muito sensíveis em relação ao valor atribuído ao parâmetro convectivo [Saleh et al., 2017] **Fig. (27).**

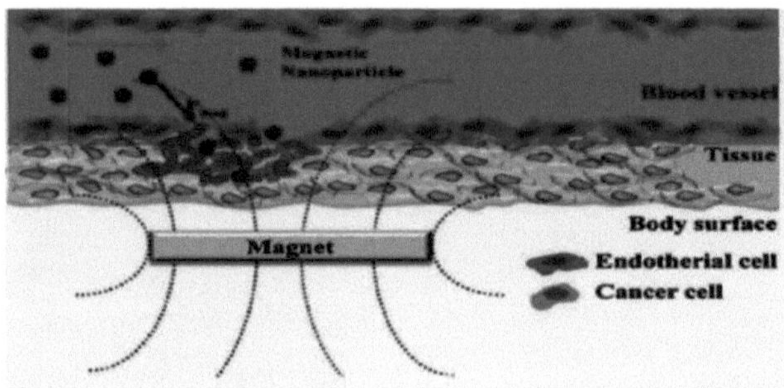

Fig. (27) Representação esquemática dos nanotubos de carbono como sistema de administração de fármacos sob a influência de um campo magnético externo [Ebaid and Aly 2013].

Capítulo 11

- Mecanismo de formação de nanotubos de carbono quirais:

Devido ao advento dos nanotubos de carbono de paredes múltiplas (MWCNTs) [Iijima 1991], este tipo de nanomaterial tem atraído uma atenção considerável de engenheiros e cientistas no domínio da nanotecnologia. O valor potencial destas estruturas tem sido amplamente aplicado em dispositivos electrónicos [Goldsmith et al., 2006], engenharia biológica [Gomezgualdr et al., 2011], sensores químicos [Gasparyan 2013], suporte médico [Tran et al., 2009], armazenamento de hidrogénio [Ni et al., 2010], transístor de efeito de campo de nanotubos de carbono [Javey et al., 2003] e materiais compósitos de nanotubos de carbono [Cooper et al., 2002]. Os núcleos e o mecanismo de formação de nanotubos de carbono quirais, nomeadamente, nanotubos de carbono de parede simples, dupla e tripla *[SWCNT, DWCNT e TWCNT]* são simulados pela teoria do funcional da densidade de primeiro princípio. O mecanismo de formação dos núcleos para os correspondentes nanotubos de carbono infinitamente longos ocorre em espiral e através da absorção de átomos de carbono camada a camada. Os átomos de carbono na extremidade aberta são metaestáveis em comparação com os da parede do tubo ou da extremidade fechada, o que indica que o ponto de crescimento dos nanotubos de carbono quirais está localizado na extremidade aberta. O crescimento dos aglomerados tubulares da camada exterior tem precedência sobre a camada interior no processo de formação de estruturas nucleares de paredes múltiplas. Devido à diminuição da proporção de átomos de carbono na extremidade aberta em relação a todos os átomos de carbono, a estabilidade dos aglomerados tubulares aumenta com o seu comprimento. Os nanotubos de carbono de comprimento infinito são obtidos através da execução de condições de fronteira periódicas que dependem das estruturas nucleares correspondentes. A estabilidade estrutural de SWCNTs quirais, DWCNTs e TWCNTs é investigada pela teoria do funcional da densidade (DFT) [Liu et al., 2018].

Capítulo 12

- Gazes de celulose regenerada oxidada modificadas com CNT para aplicações hemostáticas:

Os nanotubos de carbono funcionalizados receberam recentemente interesse devido às suas propriedades únicas, especialmente no domínio biomédico. Os nanotubos de carbono de paredes múltiplas (MWCNTs) não modificados e os nanotubos de carbono funcionalizados com grupos amino (MWCNTs-NH2) e grupos carboxilo (MWCNTs-COOH) foram enxertados em gaze de celulose regenerada oxidada (ORC) para fabricar um novo ORC funcionalizado, e o desempenho da gaze funcionalizada foi investigado [Lin et al., 2011] **Fig. (26).** O ORC funcionalizado, caracterizado por FT-IR, XPS e SEM, mostrou diferentes tipos de CNTs enxertados na sua superfície. Os resultados de XPS demonstraram a incorporação bem sucedida de MWCNTs funcionalizados na camada ativa da gaze de ORC modificada. Entretanto, a área de superfície específica da gaze ORC funcionalizada modificada com CNTs foi melhorada em graus variáveis, enquanto a porosidade diminuiu ligeiramente. Além disso, os resultados da experiência de hidrofilicidade apresentaram um aumento significativo na absorção de água dos CNTs funcionalizados enxertados na superfície da gaze ORC. Os resultados do teste de desempenho hemostático na artéria da orelha e no fígado de coelho mostraram que, em comparação com a gaze ORC original, o tempo de sangramento foi significativamente reduzido ao usar a gaze hemostática ORC modificada com CNTs funcionalizados [Cheng et al., 2018]. Além disso, a gaze funcionalizada MWCNTs- COOH/ORC teve uma excelente eficiência hemostática **Fig. (28-30).**

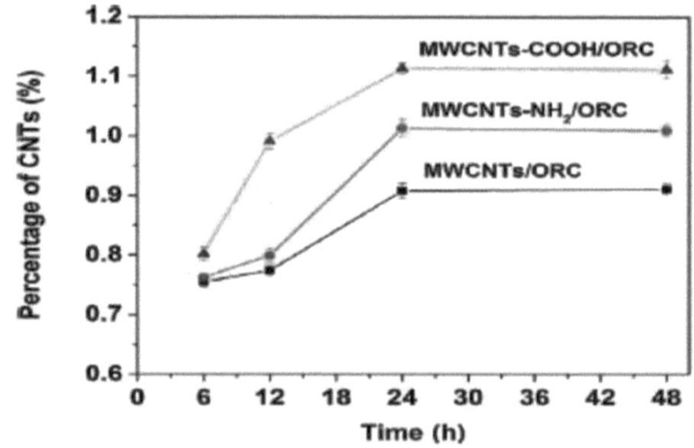

Fig. (28) Relação entre os diferentes tipos de CNTs introduzidos na superfície do ORC e o tempo de revestimento por CNTs [Cheng et al., 2018].

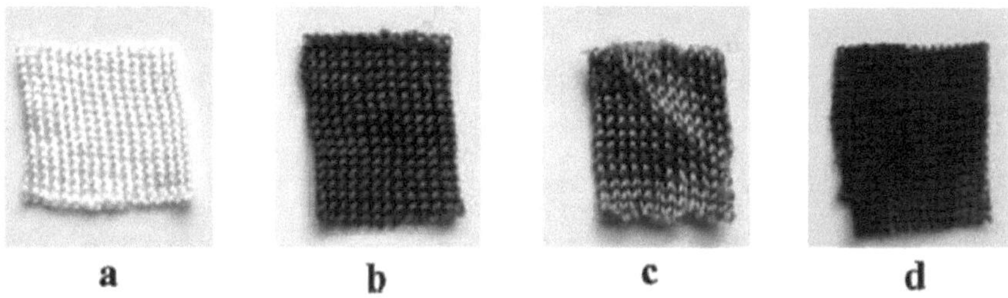

Fig. (29) Imagens digitais do ORC puro **(a),** MWCNTs/ORC **(b),** MWCNTs- NH_2/ORC **(c)** e MWCNTs-COOH/ORC (d).

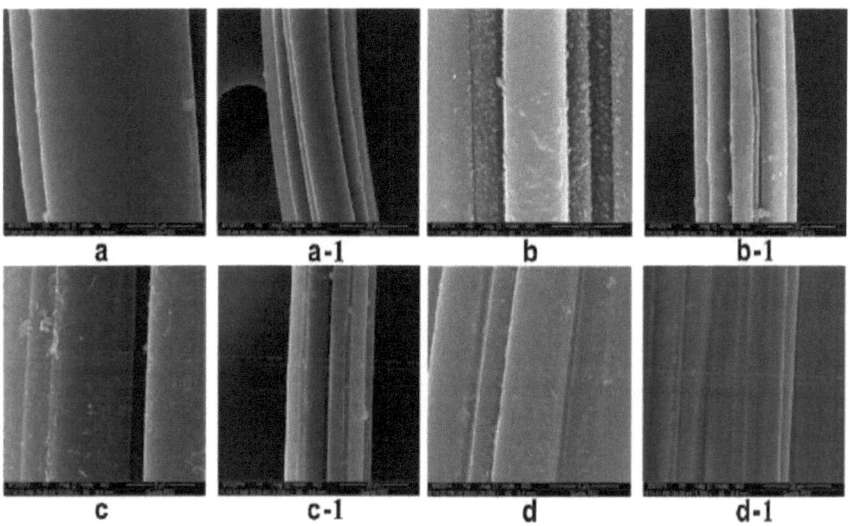

Fig. (30) Imagens SEM do ORC e do seu funcionalizado com CNTs. ORC **(a)** 20.000× e (a-l) 5000×, MWCNTs/ORC **(b)** 20.000 × e (b-l)5000 ×, MWCNTs-NH_2/ORC **(c)** 20.000× e **(c-l)** 5000 × e MWCNTs-COOH/ORC **(d)** 20.000 × e **(d-l)** 5000 ×.

Capítulo 13

- Avanços recentes em biossensores electroquímicos baseados em CNTs:

Existe uma necessidade crescente de sistemas de deteção rápidos, de baixo custo, reutilizáveis, fiáveis e sensíveis para o diagnóstico de doenças infecciosas, perturbações metabólicas, cancros de evolução rápida e deteção da presença de poluentes ambientais. A maioria dos métodos tradicionais é invasiva, lenta, dispendiosa e trabalhosa, exigindo instrumentos altamente especializados. A introdução de biossensores com nanomateriais como transdutores de sinais ajudou a eliminar as desvantagens associadas aos detectores tradicionais. As propriedades de elevada resistência mecânica, melhor condutividade eléctrica e capacidade de servir como transdutores de sinais eficientes fazem dos nanotubos de carbono (CNT) o material ideal para aplicações de biossensores entre a gama de nanomateriais **Fig. (31).** Além disso, os CNT, com as suas elevadas áreas de superfície e superfícies facilmente funcionalizáveis para a imobilização de receptores, estão a ganhar importância na construção de biossensores. O campo em expansão dos CNT faz a ponte entre as ciências físicas e a biologia, uma vez que os métodos químicos são utilizados para desenvolver novas ferramentas e plataformas para a compreensão dos sistemas biológicos, no diagnóstico e tratamento de doenças **Fig. (32).** Os recentes avanços na funcionalização da superfície dos CNT são necessários para a imobilização de enzimas e anticorpos para aplicações de biossensores e as metodologias utilizadas para a deteção de uma série de espécies químicas e biológicas **Fig. (33).** Gupta et al., 2018 especulou as perspectivas futuras para os CNTs em biologia e medicina [Gupta et al., 2018].

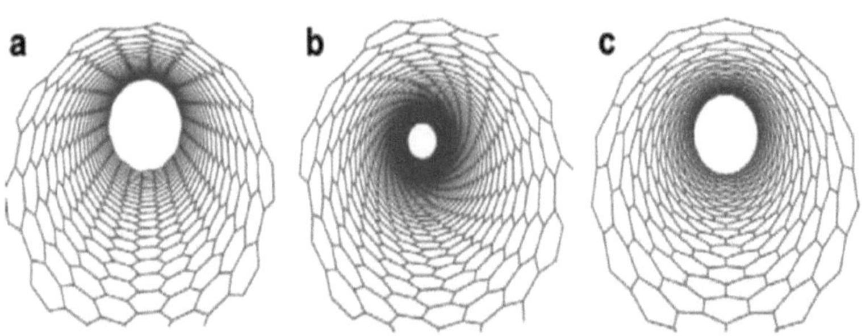

Fig. (31) Representação esquemática de três tipos típicos de SWCNTs **(a)** Polar (10, 10), **(b)** Quiral (13, 6), e (c) Ziguezague (14, 0) [Meng et al., 2012].

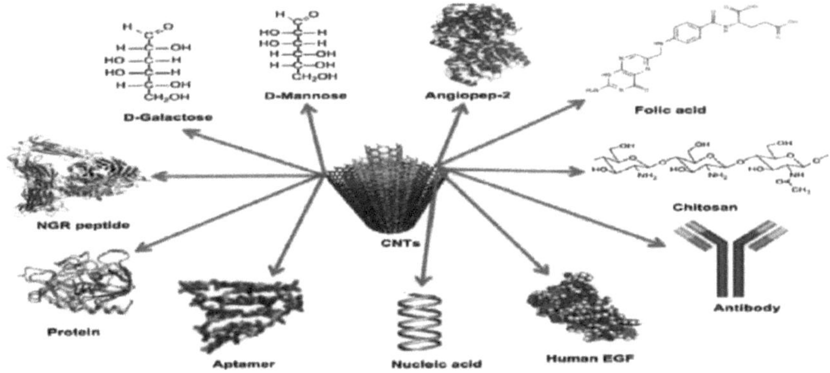

Fig. (32) Conjugação de várias biomoléculas aos CNTs (Mehra et al., 2014)

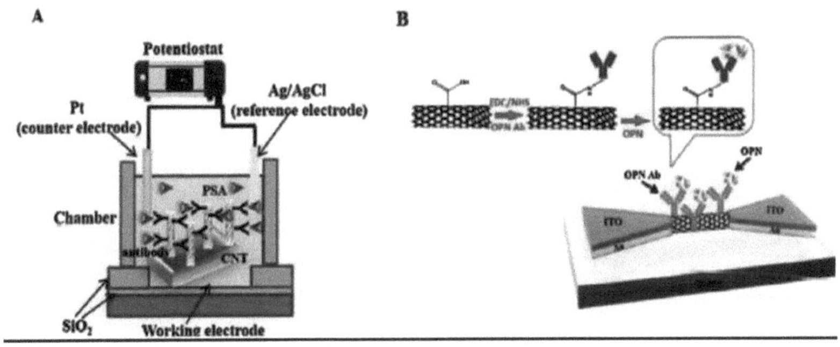

Fig. (33) (A) Biossensor potenciométrico baseado em CNT para deteção de PSA, em que os anticorpos de PSA foram revestidos de eléctrodos dispostos em CNT [Okuno et al., 2007], (B) Imunossensores baseados em SWCNT para deteção de OPN, em que os anticorpos de OPN foram imobilizados na superfície de SWCNT [Sharma et al., 2015].

Capítulo 14

- Outras aplicações biomédicas dos nanotubos de carbono:

As propriedades físico-químicas invulgares e muito interessantes dos CNT, como a estrutura ordenada com elevado rácio de aspeto, a resistência mecânica, a condutividade eléctrica, a condutividade térmica, o comportamento metálico ou semi-metálico, a elevada área superficial e o peso ultraleve [Yang et al., 2007], tornam os CNT materiais adequados para uma variedade de aplicações, nomeadamente para o crescimento de células para regeneração de tecidos, sistemas de entrega para uma variedade de agentes de diagnóstico ou terapêuticos ou como vectores para transfecção genética [Kostarelos 2007 & Gupta et al., 2018]. Algumas das aplicações são apresentadas na **Fig. (34).**

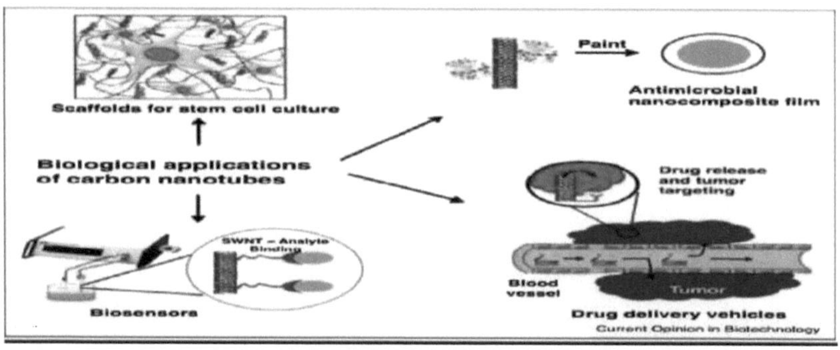

Fig. (34) Principais aplicações biológicas dos nanotubos de carbono como biossensores, suportes para a engenharia de tecidos, veículos para a administração de medicamentos na terapêutica do cancro e formação de superfícies antimicrobianas [Mundra et al., 2014].

Capítulo 15

Nanotubos de carbono em nanomedicina:

Para que a quimioterapia seja bem sucedida, os agentes terapêuticos devem ultrapassar uma série de barreiras biológicas, incluindo a depuração hepática e renal, a enzimólise e a hidrólise, bem como a absorção celular e a degradação endossómica/lisossómica. No caso dos fármacos anticancerígenos, a eficácia pode também ser afetada pela sua fraca solubilidade, baixa estabilidade e elevada toxicidade para os tecidos e células normais. Apesar de todas estas dificuldades, os transportadores de nanomateriais são capazes de melhorar a biodistribuição e a circulação sanguínea prolongada dos fármacos, o que aumenta significativamente a eficácia farmacêutica e diminui a dose de utilização. São candidatos particularmente promissores para o diagnóstico precoce das células cancerosas. Várias classes de nanomateriais, incluindo polímeros dendríticos e supramoleculares [Calderon et al., 2012], materiais à base de CNT e grafeno, nanopartículas [Doane e Burda 2012] e nanoestruturas de ouro [Perfezou et al., 2012] demonstraram uma enorme capacidade para reconhecer e destruir células cancerígenas in vivo. Em 2012, o grupo de Farokhzad resumiu a cronologia histórica dos nanomedicamentos clinicamente aprovados num artigo publicado como parte da edição temática sobre nanomedicina da *Chemical Society Reviews* **[Fig. 35]**.

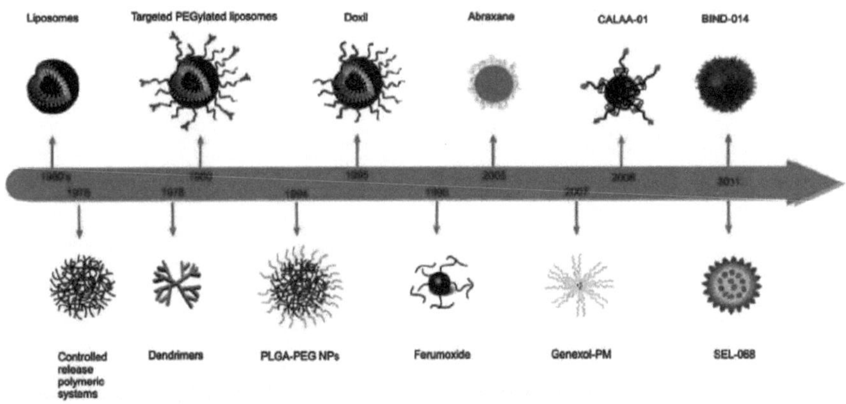

Fig. (35) Linha cronológica das primeiras nanomedicinas na fase clínica. Lipossomas, sistemas poliméricos de libertação controlada de macromoléculas, dendrímeros, lipossomas orientados comPEG , primeiro lipossoma aprovado pela Food and Drug Administration (FDA) (DOXIL), NPs de poli(ácido lático-co-glicólico)-polietilenoglicol (PLGA- PEG) de longa circulação, NP de óxido de ferro para agentes de contraste para imagiologia por ressonância magnética (MRI) (Ferumoxide), sistema de administração de fármacos à base de proteínas (Abraxane; tecnologia nab!), NP de micelas poliméricas (Genexol-PM), NP híbrida de ciclodextrina-polímero direcionada (CALAA-01), NP polimérica direcionada (BIND-014; Tecnologia

Accurint), vacinas de NP poliméricas totalmente integradas (SEL-068, Tecnologia tSVPt). [Kamaly et al., 2012].

Embora os nanomateriais à base de CNT ainda não estejam disponíveis como nanomedicamentos clinicamente validados, os sistemas à base de CNT estão a atrair uma grande atenção como nanovectores avançados para a administração altamente eficiente de fármacos numa vasta gama de sistemas de administração de fármacos à base de nanomateriais (NDDS) [Bianco et al., 2008]. A maior parte dos investigadores concentrou-se no potencial dos CNT para a administração de agentes anticancerígenos, o que pode ser atribuído às suas caraterísticas físico-químicas exclusivas [Naeini et al., 2010], especialmente à sua capacidade de atravessar várias barreiras biológicas no interior do corpo sem gerar uma resposta imunogénica e efeitos tóxicos.

Capítulo 16

Administração de medicamentos por CNTs:

Atualmente, foram desenvolvidos por grupos de investigação de todo o mundo vários novos sistemas de administração de fármacos com base em CNT dirigidos a tumores, como se mostra no quadro seguinte.

Drug	Targeting agent	Tumor
Taxoid	Biotin	Leukemia
Doxorubicin	A monoclonal antibody	Colon cancer
Doxorubicin	Folic acid	Cervical carcinoma
Doxorubicin	Folic acid	Liver cancer
Doxorubicin	Folic acid/magnetic	–
Doxorubicin	–	Colon adenocarcinoma cancer cells
Doxorubicin	RGD[a]	Breast cancer
Doxorubicin	–	Lymphoma
Radionuclide	Thiolated-antibody	Burkitt lymphoma
Paclitaxel	–	Breast cancer
Cisplatin	–	Squamous carcinoma
Cisplatin	Folate	Nasopharyngeal epidermoid carcinoma
Cisplatin	–	Colon adenocarcinoma cancer cells
Cisplatin	–	Prostate cancer cells
Carboplatin	–	Bladder cancer
Methotrexate	–	Breast cancer
Gemcitabine	Magnetic	Cancer lymph node metastasis
Gemcitabine	–	Ovarian cancer
Daunorubicin	sgc8c aptamer	Lymphoblastic leukemia cells
HCPT[a]	–	Human gastric carcinoma

[a] RGD (arginine-glycine-aspartic acid), HCPT (10-hydroxycamptothecin).

Sistemas de administração de medicamentos direcionados para tumores baseados em CNT [Adeli et al., 2013]

Estes sistemas de entrega são geralmente constituídos por três partes: CNTs funcionalizados, ligandos direcionados para o tumor e fármacos anticancerígenos. Quando os NDDS interagem com as células cancerosas, podem reconhecer receptores específicos do cancro na superfície das células e induzir a endocitose mediada pelo recetor. Foi demonstrado que o complexo é absorvido de forma eficiente e específica pelas células cancerosas, com a subsequente libertação intracelular de agentes quimioterapêuticos,

que suprimem a proliferação de células cancerígenas de forma mais eficaz do que os controlos não orientados que contêm o mesmo medicamento.

Capítulo 17

Toxicidade dos nanotubos de carbono:

Para aplicar com êxito uma nova geração de nanomateriais na biomedicina, é essencial determinar os seus perfis farmacológicos e toxicológicos. Embora a toxicidade biológica das NPs tenha sido avaliada por vários grupos, são ainda necessárias mais investigações para obter informações completas sobre a toxicidade dos nanomateriais. Descobriu-se anteriormente que as propriedades físico-químicas das nanopartículas, como o tamanho, a geometria (forma), a carga superficial, a química da superfície, a hidrofobicidade, a rugosidade, a rigidez e o grau de composição **[Fig. 36]** podem afetar a absorção diferencial e a orientação para determinados órgãos, tecidos ou células e podem ser optimizadas através da conceção eficaz de NPs.

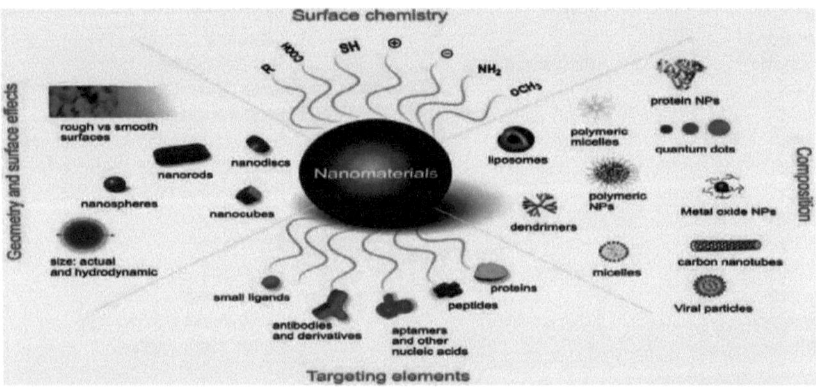

Fig. (36) NPs e as suas caraterísticas biofísico-químicas que afectam o seu desempenho in vitro e in vivo [Kamaly et al., 2012].

Embora os mecanismos moleculares e celulares para a citotoxicidade e a entrada dos CNT nas células não tenham sido completamente compreendidos e a sua biocompatibilidade esteja ainda em aberto, os f-CNT conseguem atravessar as membranas celulares através de uma via de endocitose

[Canton e Battaglia 2012] ou mecanismo independente da endocitose. A toxicidade e a imunogenicidade dos CNT em estudos in vivo e in vitro foram atribuídas a vários factores, como o número de paredes, o comprimento e a relação de aspeto, a área de superfície, o grau de agregação, a extensão da oxidação, a hidrofobicidade, a topologia da superfície, o método de administração, a dispersibilidade, o tipo e o grau de funcionalização e o método de fabrico (que pode deixar resíduos de catalisador e produzir impurezas).

A toxicidade dos CNT depende também da sua concentração, dose, duração e método de exposição das células ou organismos e até do dispersante utilizado para solubilizar os nanotubos. É consensual que os f-CNTs representam uma grande melhoria em relação aos CNTs não modificados e não funcionalizados (pristinos). A funcionalização dos CNT, especialmente por polímeros hidrofílicos ou biomacromoléculas, melhora a sua solubilidade em água e a sua dispersão em fluidos biológicos e, por conseguinte, diminui o efeito de algumas fontes da sua toxicidade, como a fraca solubilidade em água, a hidrofobicidade, a montagem e o comprimento longo. Verificou-se que os CNT pristinos são tóxicos para as linhas celulares e causam necrose e apoptose, mesmo após a purificação [Bottini et al., 2006]. Em comparação com os CNTs pristinos, os CNTs bem funcionalizados por revestimentos biocompatíveis, como a PEGilação, apresentam uma toxicidade in vivo notavelmente reduzida após serem injectados por via intravenosa em animais [Schipper et al., 2008]. O tamanho do grupo funcional também parece ser importante. Por exemplo, foi indicado que os SWCNTs funcionalizados com moléculas relativamente grandes (peso molecular > 60 kDa) podem aumentar a toxicidade [Kam e Dai 2005]. Além disso, verificou-se que a absorção de grandes conjugados de proteínas-SWCNT era extremamente fraca, ao passo que a ligação e o transporte intracelular de conjugados de tamanho pequeno a médio (na sua maioria < 80 kDa) produzem níveis mais elevados de absorção, tal como verificado através de citometria celular.

Capítulo 18

Conclusões e direcções futuras:

No progresso contínuo dos nanomateriais ao longo das duas últimas décadas, os materiais à base de CNT abriram novas vias para o desenvolvimento de potenciais aplicações médicas. Em especial, os nanobiomateriais, como a ligação de proteínas/peptídeos aos CNTs (SWCNTs e MWCNTs), foram amplamente desenvolvidos e optimizados utilizando métodos de engenharia de materiais **(Fig. 37).** No entanto, é necessário funcionalizar os CNT para que o seu potencial de aplicação seja eficaz. Um dos principais obstáculos dos CNTs é a sua toxicidade [Lacerda et al., 2006]. Além disso, a biocompatibilidade dos cilindros de carbono f- CNTs é incerta, devido à sua natureza tóxica e insolubilidade [Nie et al., 2017]. As propriedades físico-químicas, como o comprimento, a rigidez e a hidrofobicidade da superfície, têm tendência a ter um impacto direto na dispersibilidade, toxicidade e interação com materiais de ADN. Por exemplo, os CNT rígidos apresentam um grau de dispersão adequado e uma maior viabilidade celular; no entanto, os CNT f- agregam-se e diminuem a estabilidade, independentemente da sua funcionalização, e aumentam a sua citotoxicidade [Cifuentes-Rius et al., 2017] **Fig. (38).**

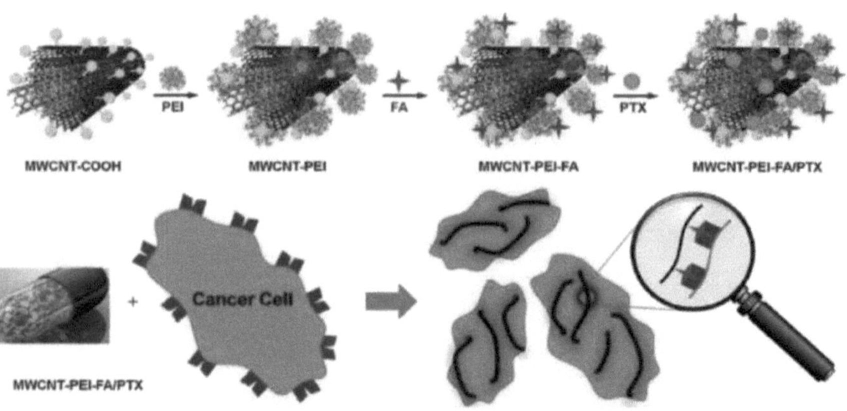

Fig. (37) Representação esquemática da preparação de f-CNTs como transportadores de fármacos anticancerígenos e (em baixo) interações chave-fechadura entre MWCNT-PEI-FA/PTX e células cancerígenas. A polietilenimina (PEI), o ácido fólico (FA) e o paclitaxel (PTX) foram fixados nos MWCNTs carboxilados [Adeli et al., 2013].

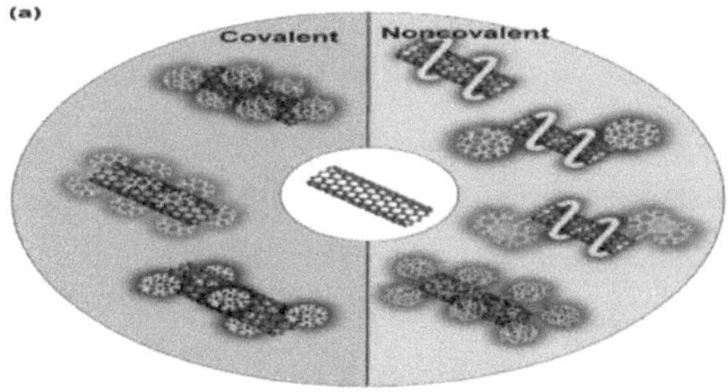

Fig. (38) Interações covalentes e não covalentes entre CNT e polímeros lineares, dendríticos e hiper ramificados e também biomacromoléculas para a produção de nanomateriais híbridos CNT-polímero como sistemas de administração de medicamentos anticancerígenos [Sireesha et al., 2017]

Alguns relatórios de investigação sugerem que as impurezas de metais como o ferro, a prata e o titânio com CNTs em concentrações mais elevadas aumentam os efeitos citotóxicos [Kaiser et al., 2017]. Não há dúvida de que os CNTs são extremamente promissores, mas ainda são prejudiciais a outros órgãos saudáveis e parcialmente eficazes. Os CNT têm sido considerados potenciais candidatos a vectores de terapia genética, tendo demonstrado ser capazes de complexificar e transportar uma série de ácidos nucleicos diferentes, tanto em estudos in vivo como in vitro. No entanto, uma das principais razões que impedem o progresso clínico deve-se à dificuldade em conceber vectores de entrega eficazes e seguros para a carga genética adequada. As preocupações com a segurança e a produção em grande escala contrabalançam a elevada eficiência da transferência genética conseguida com os vectores virais, enquanto as estratégias não virais ainda não se tornaram suficientemente eficientes. As extraordinárias propriedades físico-químicas, ópticas e foto-térmicas do carbono rico oferecem estruturas compósitas (unidimensionais ou bidimensionais) componentes para a conceção de sistemas de transporte de ácidos nucleicos. Embora seja promissor, existem alguns desafios que requerem atenção. Por exemplo, a formulação da carga genética (relação dose/hospedeiro), a relação entre a dose e o hospedeiro, a via de entrega mais eficaz in vivo, a expressão genética controlada, a modificação e a moderação da toxicidade. Vale ressaltar que as propriedades dos materiais utilizados podem influenciar muito a captação celular dos nano-complexos e consequentemente influenciar a eficiência da transfecção [Vincent et al., 2017]. Um dos principais desafios é validar estes materiais como vectores de entrega de genes e confirmar que o desempenho in vitro é encorajador na configuração in vivo. Em conclusão, o uso de CNTs como transportadores de genes ainda é um campo muito inicial (tem potencial), mas, no entanto, mostrou resultados preliminares encorajadores em vários estudos de prova de conceito. Em termos de entrega de siRNA mediada por CNT, os ensaios pré-clínicos foram bem sucedidos no tratamento de vários tipos de cancro, tanto in vivo como in vitro. Os CNT como vectores de siRNA in vivo podem depender de uma terapia eficaz com efeitos adversos mínimos nos tecidos. As construções de CNTs-siRNA in vivo são administradas localmente, quer intratumoralmente como agentes anticancerígenos, quer através de injeção estereotáxica no cérebro para a localização de loci específicos. Resta saber se essas estratégias e vias de administração serão clinicamente realistas e eficazes, minimizando as reacções adversas. As diferentes técnicas de imagiologia biológica dos CNT têm as suas respectivas vantagens, limitações e aplicações. Por exemplo, **(a)** a imagiologia fluorescente na janela biológica transparente NIR-II com CNTs permite a imagiologia ótica in vivo com penetração profunda nos tecidos e elevada resolução espacial, mas o QY dos SWCNTs ainda não é suficientemente elevado, (b) a imagiologia Raman com SWCNTs tem uma grande secção transversal de dispersão e apresenta uma forte ressonância, grande sensibilidade e resistência ao branqueamento e à extinção fotográfica, **c)** Outros métodos de imagiologia que utilizam CNTs, incluindo a imagiologia fotoacústica, a imagiologia por RMN e a imagiologia nuclear, também demonstraram um grande potencial para a imagiologia médica, mas a integração de múltiplos métodos de imagiologia poderia aumentar as vantagens em relação aos métodos de imagiologia individuais [Wang et al., 2017]. Embora o modelo animal tenha algumas desvantagens, alguns dos estudos verificaram a viabilidade do PTT radical baseado em nanomateriais de metástases tumorais sob a orientação do mapeamento de dupla modalidade. Estes resultados implicaram que os nanoagentes teranósticos e a estratégia de tratamento [Zou et al., 2017] têm um grande potencial nas práticas clínicas futuras **Fig. (39).**

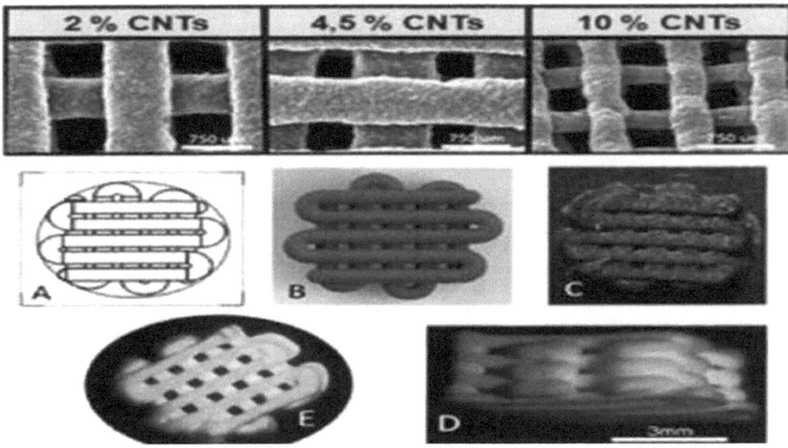

Fig. (39) Desenho técnico **(A)** simulação 3D **(B)** scaffolds de 10 wt% CNTs **(C)**; e configurações finais do scaffold de 0 wt% CNTs (vista lateral D, vista superior E) [Goncalves et al., 2015].

Referências:

- Iıjıma S. Helical microtubule of graphitic carbon. Nature 354 **1991:** 56-58.

- Pan H., Li J e Feng Y. Nanotubos de carbono para supercapacitores. *Nanoscale Res. Lett.* 5 **2010:** 654.

- Chai G., Heinrich H., Chow L e Schenkel T. Electron transport through single carbon nanotubes. *Appl. Phys. Lett.* 91 **2007:** 103101.

- Hummer G., Rasaıah JC e Noworyta JP. Condução de água através do canal hidrofóbico de um nanotubo de carbono. *Nature* 414 **2001:** 188-190.

- Skoulıdas Al e Sholl DS. Self-diffusion and transport diffusion of light gases in metalorganic framework materials assessed using molecular dynamics simulations. *J. Phys. Chem. B* 10 **2005:** 15760-15768.

- Mutat T., Adler J e Sheintuch M. Single species transport and self-diffusion in wide singlewalled carbon nanotubes. *J. Chem. Phys.* 136 **2012:** 234902.

- Xu Z-C., Zheng D-Q., Ai B-Q., Hu B e Zhong W-R. Difusão de transporte em sistemas moleculares unidimensionais: Lei de potência e validade da lei de Fick, *AIP Adv.* 5 **2015:** 107145.
- Chen P-R., Xu Z-C., Gu Y e Zhong W-R. Difusão colectiva em nanotubos de carbono: Crossover entre uma dimensão e três dimensões. *Chin. Phys. B* 25 **2016:** 086601.

- Salles F., Jobic H., Devic T., Guillerm V., Serre C., Koza MM., Ferey G e Maurin G. Diffusion of binary CO2 CH4 Mixtures in the MIL-47(V) and MIL53(Cr)metal-organic framework type solids a combination of neutron scattering measurements and molecular dynamics simulations. *J. Phys. Chem. C* 117 **2013:** 11275-11284.

- AuBuchon JF, Chen L-H e Jin S. Control of carbon capping for regrowth of aligned carbon nanotubes, *J. Phys. Chem. B* 109(13) **2005:** 6044-6048.

- Wang X., Yang J., Li R., Jiang H e Li Y. Deformação de nanotubos de carbono de parede simples por interação com grafeno: um estudo de primeiros princípios, *J. Comput. Chem.* 36 **2015:** 717-722.

- Wen J., Zheng D e Zhong W. Coeficiente de difusão colectiva dependente da forma de nanoporos de grafeno multicamadas, *RSC Adv.* 5 **2015:** 99573-99576.

- He J-X., Lu H-J., Liu Y., Wu F-M., Nie X-C., Zhou X-Y e Chen Y-Y. Assimetria do fluxo de água induzida pela deformação de um nanotubo. *Chin Phys. B* 21 **2012:** 054703.

- Shi W e Johnson JK. Adsorção de gás em feixes heterogéneos de nanotubos de carbono de parede simples. *Phys. Rev. Lett.* 91 **2003:** 015504.

- Ohnishi M., Suzuki K e Miura H. Efeitos da tensão compressiva uniaxial nas propriedades de transporte eletrônico de nanotubos de carbono em ziguezague. *Nano Res.* 9 **2016:** 1267-1275.

- Zhou X., Wu F., Kou J., Nie X., Liu Y e Lu H. Bomba de água com carga vibratória controlada pela deformação do nanotubo de carbono. *J. Phys. Chem. B* 117 **2013:** 1168111686.

- Borka Jovanovic V., Borka D e Galijas SMD. Canalização de protões através de nanotubos de carbono radialmente deformados. *Phys. Lett. A* 381 **2017:** 1687-1692.

- Xu Z-C., Zheng D-Q., Ai B-Q e Zhong W-R. Bomba autónoma contra o gradiente de concentração. *Sci. Rep.* 6 **2016:** 23414.

- Feng J., Chen P., Zheng D e Zhong W. Difusão de transporte em nanotubos de carbono deformados. *Physica A* 493 **2018:** 155-161.

- Qin H., Zhou T., Yang S e Xing D. Nanossondas de extinção de fluorescência dedicadas à imagiologia fotoacústica in vivo e à terapia tumoral altamente eficiente em tecidos profundos, *Small* **2015** 11: 2675-2686.

- Wen J., Xu Y., Li H., Lu A e Sun S. Recent applications of carbon nanomaterials in fluorescence biosensing andbioimaging. *Chem. Commun.* **2015** 51 (57): 11346-11358.

- Wen L., Ding W., Yang S e Xing D. Terapia tumoral termoacústica de alta eficiência bombeada por micro-ondas com nanotubos de carbono de parede única. *Biomateriais* **2016** 75: 163-173.

- Park S., Park J., Jo I., Cho S-P., Sung D., Ryu S., Park M., Min K-A., Kim J., Hong S., Hong BH e Kim B-S. Hibridização in situ de nanotubos de carbono com celulose bacteriana para bioadesivos híbridos tridimensionais. *Biomateriais* **2015** 58: 93-102.

- Saleh H., Elham Alali E. e Ebaid A. Aplicações médicas para o fluxo de nanofluidos suspensos de nanotubos de carbono na presença de condições convectivas usando a transformada de Laplace. *Jornal da Associação das Universidades Árabes de Ciências Básicas e Aplicadas* **2017** 24: 206212.

- Ebaid, A and Aly, E.H. Exact analytical solution of the peristaltic nanofluids flow in an asymmetric channel with flexible walls and slip condition: application to the cancer treatment computational and mathematical methods in medicine. *Comput. Math. Methods Med.* **2013** 1015.

- Ebaid, A e Al Sharif, M. Aplicação da transformada de Laplace para o efeito exato de um campo magnético na transferência de calor de nanofluidos suspensos em nanotubos de carbono. Z. *Nature A* **2015** 70 (6): 471475.

- Goldsmith BR, Kane A e P.G. Collins PG. Assinaturas de defeitos químicos em dispositivos electrónicos de nanotubos de carbono, em: Reunião de março da A. Aps, **2006.**

- Gomezgualdr DA., Burgos, JC e Yu J. Carbon nanotubes: engineering biomedical applications. *J. Prog. Mol. Biol. Transl. Sci.* **2011** 104: 175-245.

- Gasparyan FV. Redução de ruído em sensores (bio-) químicos funcionalizados com nanotubos de carbono em multicamadas/ *J. NATO Sci. Peace Secur.* **2013**: 139-150.

- Tran PA., Zhang L e Webster TJ. Carbon nanofibers and carbon nanotubes in regenerative medicine, J. Adv. Drug Deliv. Rev. **2009** 61: 1097-1114.

- Ni M., Huang L e Guo L. Hydrogen storage in Li-doped charged single-walled carbon nanotubes. *J. Int. J. Hydrogen Energy* **2010** 35: 3546-3549.

- Javey A., Guo J e Wang Q. Ballistic carbon nanotube field effect transistors (transístores de efeito de campo de nanotubos de carbono balísticos*). J.* Nat. **2003** 424: 654-657.

- Cooper CA, Cohen SR e Baeber AH. Desprendimento de nanotubos de uma matriz polimérica. *J. Appl. Phys. Lett.* **2002** 81: 3873-3875.

- Liu J., Liu L., Lu J e Zhu H. O mecanismo de formação de nanotubos de carbono quirais. *Physica B: Física da Matéria Condensada* **2018** 530: 277-282.

- Cheng F., Liu C., Li H., Wei X., Yan T., Wang Y., Song Y., He J e Huang Y. Gazes de celulose regenerada oxidada modificada com nanotubos de carbono para aplicações hemostáticas. *Polímero de Carboidratos* **2018** 183: 246-253.

- Lin, C., Wang, Y., Lai, Y., Yang, W., Jiao, F., Zhang, H. Incorporação de nanotubos de carbono de paredes múltiplas de carboxilação em poli(ácido lático-co-glicólico) biodegradável para engenharia de tecido ósseo. *Colloids and Surfaces B, Biointerfaces,* **2011** 83(2): 367-375.

- Gupta S., Murthy CN e Prabha CR. Avanços recentes em biossensores electroquímicos baseados em nanotubos de carbono. *Revista Internacional de Macromoléculas Biológicas* **2018** 108: 687-703.

- Meng, X. Zhang, Q. Lu, Z. Fei, P e Dyson J. Single walled carbon nanotubes as drug delivery vehicles: targeting doxorububicin to tumors, *Biomaterials* **2012** 33: 1689-1698.

- Mehra NK, Mishra V e Jain NK. Uma revisão dos nanotubos de carbono com engenharia de superfície ligados a ligandos. *Biomaterials* **2014** 35: 1267-1283.

- Okuno J., Maehashı K., Matsumoto K., Kerman K., Takamura Y e Tamıya E., Singlewalled carbon nanotube-arrayed microelectrode chip for electrochemical analysis. *Electrochem.* Commun. **2007** 9: 13-18.

- Sharma A., Hong S., Singh R e Jang J. Imunossensor transparente baseado em nanotubos de carbono de parede simples para deteção de um biomarcador do cancro da próstata, a osteopontina. *Analyt. Chim. Ata* **2015** 869: 68-73.

- Mundra RV., Wu X., Sauer J., Dordıck JS e Kane RS. Nanotubos em aplicações biológicas. *Curr. Opin. Biotech.* **2014** 28: 25-32.

- Yang W., Thordarson P., Gooding J., Ringer SP e Braet F. Carbon nanotubes for biological andbiomedical applications. *Nanotecnologia* 18(41) **2007** 12.

- Kostarelos K. Cellular uptake of functionalized carbon nanotubes is independent of functional group and cell type. *Nat. Nanotechnol.* **2007** 2: 108-113.

- Dai H. Nanotubos de carbono: Opportunities and Challenges. *Surf Sci* 500 **2002:** 218-41.

- Daenen M., de Fouw RD, Hamers B., Janssen PGA, Schouteden K e Veld MAJ. The Wondrous World of Carbon Nanotubes. *Uma revisão das actuais tecnologias de nanotubos de carbono.* 27 **2003: 1-93.**

- Aqel A., Kholoud MM. Abou El-Nour, Reda AA, Ammar e Al-Warthan. A. Nanotubos de carbono, ciência e tecnologia parte (I) estrutura, síntese e caraterização. *Revista Árabe de Química* **2012** 5, 1-23.

- Suzuki S e Mori S. Síntese de nanotubos de carbono a partir de biocombustível como fonte de carbono através de um motor a gasóleo. *Diamond & Related Materials* 82 **2018:** 79-86.

Imdadul HK, Zulkifli NWM. Masjuki HH. Kalam MA, Kamruzzaman M, Rashed MM, Rashedul HK e Alwi A. Experimental assessment of non-edible candlenut biodiesel and its blend characteristics as diesel engine fuel, *Environ. Sci. Pollut. Res.* 24 **2017:** 2350-2363.

- Suzuki S e Mon S. Materiais semelhantes a nanotubos de carbono nos gases de escape de um motor diesel que utiliza combustível de mistura gasóleo/etanol com catalisadores e enxofre. *J. Air Waste Manage. Assoc.* 67 **2017:** 873-880.

- Yatom S. Selınsky RS., Koel BE e Raıtses Y. Synthesis-on e synthesis-off modes of carbon arc operation during synthesis of carbon nanotubes. *Carbono* 125 **2017:** 336-343.

- Fang X., Shashunn A., Teel G e Keıdar M. Determinação da região de síntese dos nanotubos de carbono de parede simples em volume de plasma de arco. *Carbono* 107 **2016:** 273-280.

- Xue Z., Shen Y., Li P., Zhang Y., Zeng Y e Zhu S. Síntese controlável de nanotubos de carbono através da reforma autotérmica de acetato de etilo. *Materiais e Design* 141 **2018:** 150158.

- Brownlie L e Shapter J. Avanços na dopagem do tipo n de nanotubos de carbono: métodos, análises e aplicações, *Carbono* 126 **2018:** 257-270.

- Zhao X., Zhang S., Zhu Z., Zhang J., Wei F e Li Y. Catalisadores para a síntese de nanotubos de carbono de parede simples, do crescimento da superfície à preparação em massa. *MRS Bull.* 42 **2017:** 809-818.

- Burakova EA, All I, Dyachkova TP, Rukhov AV, Tugolukov EN, Galunın EV, Tkachev AG e Basheer AA. Método novo e económico de síntese de nanotubos de carbono num catalisador de óxido de níquel e magnésio utilizando radiação de micro-ondas. *Jornal de Líquidos Moleculares*. Data de aceitação: 9 de janeiro de **2018**.

- Price GJ. Nawaz M., Yasin T e Bibi S. Modificação sonoquímica de nanotubos de carbono para melhor desempenho nanocompósito. *Ultrasonics Sonochemistry* 40 **2018** 123-130.

- Tian R., Liang S., LıG., Zhang Y e Shi L. Estudo comparativo dos ultra-sons presentes numa abordagem suave em duas fases sobre o conteúdo de grupos funcionais em MWCNT modificados. *Chem. Phys. Lett.* 650 **2016** 11-15.

- Wang Y., Wu J e Wei F. Um método de tratamento para obter nanotubos de carbono de paredes múltiplas separados com elevada pureza, elevada cristalização e um grande rácio de aspeto, *Carbon* **412003** 29392948.

- Fang W., Linder M.B e Laaksonen P. Modificação de nanotubos de carbono por proteínas glicosiladas anfifílicas. *Jornal de Ciência Coloidal e de Interface* 512 **2018:** 318-324.

- De Voider MFL. Tawfick SH., Baughman RH e Hart AJ. Carbon nanotubes: present and future commercial applications. *Science* 339 **2013:** 535-539.

- Hamedı MM., Hajıan A., Fall AB., Hkansson K., Salajkova M., Lundell F., Wgberg L e Berglund LA. Nanocompósitos fortes e altamente condutores baseados em dispersões aquosas assistidas por nanocelulose de nanotubos de carbono de parede única. *ACS Nano* 8 **2014:** 2467-247.

- Wang M., Anoshkin IV, Nasibulin AG, Korhonen JT, Seitsonen J, Pere J, Kauppinen EI, Ras RHA e Ikkala O. Modificação de aerogéis de nanocelulose nativos com nanotubos de carbono para condutividade mecano-responsiva e deteção de pressão. *Adv. Mater.* 25 **2013:** 2428-2432.

- Van Lıer G, Van Alsenoy C, Van Doren V e Geerlıngs P. Ab ınrtıo study of the elastic properties of single-walled carbon nanotubes and grapheme. *Chem Phys Lett* **2000;** 326:1815.

- Yu MF, Lourıe O, Dyer MJ, Molonı K, Kelly TF e Ruoff RS. Strength and breaking mechanism of multiwalled carbon nanotubes under tensile load (Resistência e mecanismo de rutura de nanotubos de carbono de paredes múltiplas sob carga de tração). *Science* **2000;** 287:637-40.

- Ando Y, Zhaoa X, Shımoyama H, Sakai G e Kaneto K. Physical properties ofmultı-walled carbon nanotubes. *Int JInorgMater* **1999;** 1: 77-82.

- Bıercuk MJ, Llaguno MC, Radosavlıjevıc M, Hyun JK e Johnson AT. Compósitos de nanotubos de carbono para gestão térmica. *Appl Phys Lett* **2002;** 80:2767-9.

- Zhang HL, Lia JF, Yao KF e Chen LD. Sinterização por plasma de faísca e condutividade térmica de materiais a granel de nanotubos de carbono. *J Appl Phy* **2005;** 97:114310.

- Peng LM, Zhang ZL, Xue ZQ, Wu QD, Gu ZN e Pettıfor DG. Stability of carbon nanotubes: how small can they be? *Phys Rev Lett* **2000;** 85: 3249-52.

- Dobrzanskı LA., Pawlyta M., Krzton A., Lıszka B e Labısz K. Síntese e Caracterização de Nanotubos de Carbono Decorados com Nanopartículas de Platina. *Jornal de realizações em materiais e engenharia de fabricação.* **2010**; 39(2): 184-189.
- Curtin WA e Sheldon BW. Cerâmicas e metais reforçados com CNT. *Materials today* 2004: 44-49.

- Zhan, G.-D., Kuntz JD., Wan J e Mukherje AK. Nanotubos de carbono de parede simples como agentes de endurecimento atractivos em nanocompósitos à base de alumina. *Nat. Mater.* 2003; 2(1): 38-42.

- Wang X., Padture N.P., Tanaka H. Cerâmica resistente a danos por contacto/nanotubos de carbono de parede simples e compósitos cerâmica/grafite. *Nat. Mater.* 3 **2004:** 539-544.

- Eldawuda R., Wagnera A., Donga C., Stueckleb TA. Rojanasakulc Y e Dınua CZ. As propriedades físico-químicas dos nanotubos de carbono influenciam o comportamento e o destino celular geral. *NanoImpact* 9 **2018:** 72-84.

-Fan JP, Zhao DQ, Wu MS, Xu ZN e Song J. Preparação e microestrutura de um compósito de A12O3 endurecido com nanotubos de carbono de paredes múltiplas. *J Am Ceram Soc* **2006;** 89:750-3.

- Cho J, Inam F, Reece MJ, Chlup Z, Dlouhy I e Shaffer MSP. Nanotubos de carbono: endurecem as matrizes frágeis? *J Mater Sci.* **2011;** 46:4770-9.

- Padture NP. Compósitos multifuncionais de cerâmica e nanotubos de carbono de parede simples. *Adv. Mater* **2009;** 21: 1767-70.

- Sıreesha M., Babu VJ e Ramakrishna S. Nanotubos de carbono funcionalizados no mundo biológico: Aplicações, limitações e direcções futuras. *Ciência e Engenharia de Materiais B* 223 **2017:** 43-63.
- Lacerda L., Bianco A., Prato M e Kostarelos K. Carbon nanotubes as nanomedicines: from toxicology to pharmacology. *Adv. Drug Deliv. Rev.* 58 **2006** 1460-1470.

- Nıe C., Yang Y., Cheng C., Ma L., Deng J., Wang L e Zhao C. Revestimentos nanohíbridos de nanotubos de carbono-Ag vermelhos e biocompatíveis para aplicações antibacterianas robustas. *Ata Biomater.* 51 **2017:** 479-494.

- Cıfuentes-Rıus A., Boase NRB., Font I., Coronas N., Ramos-Perez V., Thurecht KJ e Borros S. In Vivo Fate of Carbon Nanotubes with Different Physicochemical Properties for Gene Delivery Applications. *ACS Appl. Mater. Interfaces* 9(13) **2017:** 11461-11471.

- Kaiser J.-P., Roesslein M., Diener L., Wichser A., Nowack B e Wick P. Os efeitos citotóxicos da nanosilver são altamente dependentes da concentração de cloreto e da presença de compostos orgânicos no meio de cultura celular. *J. Nanobiotechno* logy 15 **2017:** 1-11.

- Vincent M., Lazaro ID e Kostarelos K. Graphene materials as 2D non-vıral gene transfer vetor platforms. *Gene* Therapy 24(3) **2017:** 123-132.

- Wang S., Lin Q., Chen J., Gao H., Fu D e Shen S. Nanotubos de carbono carregados com gadolínio encapsulados em polidopamina biocompatível para ressonância magnética e dissecção fototérmica guiada por mapeamento de cores de metástases tumorais. *Carbono* 112 **2017:** 53-62.

- Zou C., Wu B., Dong Y., Song Z., Zhao Y., Ni X., Yang Y e Liu Z. Fotoacústica biomédica: fundamentos, instrumentação e perspectivas em nanomedicina. *Int. J. Nanomed.* 12 **2017:** 179-195.

- Adeli M., Soleyman R., Beiranvanda Z e Madania F. Carbon nanotubes in cancer therapy: a more precise look at the role of carbon nanotube-polymer interactions. *Chem. Soc. Rev.* 42(13) **2013:** 5231-5236.

- Goncalves EM., Oliveira FJ., Silva RF., Neto MA., Fernandes MH., Amaral M., Vallet-Regi M e Vila M. *J. Biomed. Mater. Res. B* 104 **2015:** 1210-1219.

- Khandare J., Calderon M., Dagia NM e Haag R. Multifunctional dendritic polymers in nanomedicine: opportunities and challenges (Polímeros dendríticos multifuncionais em nanomedicina: oportunidades e desafios). *Chem. Soc. Rev.,* **2012,** 41, 2824-2848.

- Doane TL e Burda C. The unique role of nanoparticles in nanomedicine: imaging, drug delivery andtherapy. *Chem. Soc. Rev.,* **2012,** 41, 2885-2911.

- Perfezou M., Tumerbc A e Merkoc A. Cancer detection using nanoparticle-based sensors. *Chem. Soc. Rev.,* **2012,** 41, 2606-2622.

- Kamaly N., Xiao Z., Valencia PM., Radovic-Moreno AF e Farokhzad OC. Nanopartículas terapêuticas poliméricas direcionadas: design, desenvolvimento e tradução clínica. *Chem. Soc. Rev.,* 2012,41,2971-3010.

- Bianco A, Kostarelos K e Prato M. Oportunidades e desafios dos nanomateriais à base de carbono para a terapia do cancro. *Opinião de especialistas. DrugDeliv.* **2008;** 5: 331-342.

- Naeini AT., Adeli M e Vossoughi M. Poly(citric acid)-*block-poly*(ethylene glycol) copolymers-new biocompatible hybrid materials for nanomedicine. *Nanomed., Nanotechnol., Biol. Med.,* **2010,** 6(4), 556-562.

- Canton I e Battaglia G. Endocytosis at the nanoscale. *Chem. Soc. Rev.,* **2012,** 41, 27182739.

- Bottini M., Bruckner S., Nika K., Bottini N., Bellucci S., Magrini A., Bergamaschi A e Mustelin T. Multi-walled carbon nanotubes induce T lymphocyte apoptosis. *Toxicol. Lett.* **2006,** 160, 121-126.

- Schipper ML, Nakayama-Ratchford N, Davis CR, Shi, KNW, Chu P, Liu Z, Sun X, Dai H e Gambhir SS. A pilot toxicology study of single-walled carbon nanotubes in a small sample of mice (Estudo piloto de toxicologia de nanotubos de carbono de parede simples numa pequena amostra de ratos). *Nat. Nanotechnol.*, **2008**, 3, 216-221.

- Kam NW e Dai H. Nanotubos de carbono como transportadores intracelulares de proteínas: generalidade e funcionalidade biológica. *J. Am. Chem. Soc.*, **2005**, 127, 6021-6026.

- Kaushik BK e Majumder MK. Interconexões VLSI baseadas em nanotubos de carbono. Springer Briefs em Ciências Aplicadas e Tecnologia, **2015**.

- Nishio M., Akita S e Nakayama Y. Efeito de arrefecimento no crescimento de nanotubos de carbono e espetroscopia de emissão ótica em descarga de arco de curto período. *Thin Solid Films* 464-465 **2004:** 304-307.

- Cheng HM., Liu C., Fan YY., Li F., Su G., He LL e Liu M. Síntese e armazenamento de hidrogénio de nanofibras de carbono e nanotubos de carbono de parede simples. *Z. Met.* 91(4) **2000:** 306-410.

- Zhao T. Efeitos do gás e da pressão na síntese de nanotubos de carbono amorfos. *Chin. Sci. Bull.* 49(24) **2004:** 2569.

- Farhat S., Lamy M., Chapelle de La., Loiseau A., Scott CD., Lefrant S., Joumet C e Bernier P. Diameter control of single-walled carbon nanotubes using argon-helium mixture gases. *J. Chem. Phys.* 115(14) 2001: 6752.

- Arora N e Sharma NN. Síntese de nanotubos de carbono por descarga de arco: Comprehensive review. *Diamond & Related Materials* 50 **2014:** 135-150.

- Jarosz P, Schauerman C, Alvarenga J, Moses B, Mastrangelo T, Raffaelle R, Ridgley R andLandi B. Carbon nanotube wires and cables: near-term applications and future perspectives. *Nanoscale.* **2011**; 3(11): 4542-53.

- See C e Harris A. A Review of Carbon Nanotube Synthesis via Fluidized-Bed Chemical Vapor Deposition. *Ind. Eng. Chem. Res.*, 46, **2007:** 997-1012.

- Luo Z e Charlie Johnson AT. Crescimento de nanotubos de carbono por deposição química de vapor. Com o apoio do Prémio NSF n.º. EEC-0754741.

- Kumar M e Ando Y. Chemical Vapor Deposition of Carbon Nanotubes: A Review on Growth Mechanism and Mass Production. *J. of Nanoscience and Nanotechnology.* 10, **2010:** 3739-3758.

- Sinnott SB. Andrews R. Qian D., Rao AM., Mao Z. Dickey EC e Derbyshire F. Model of carbon nanotube growth through chemical vapor deposition. *Chem. Phys. Lett.* 315, **1999:** 25-30.

- Koziol K., Boskovic BO e Yahya N. Synthesis of Carbon Nanostructures by CVD Method. *Carbon and Oxide Nanostructures, Adv Struct Mater* 5, **2010:** 23-49.

- Rao CNR e Biswas K. Essentials of Inorganic Materials Synthesis, Primeira Edição. John Wiley & Sons, Inc. **2015**. Capítulo 11: 97-101.

- Vivekchand SRC, Cele LM, Deepak FL, Raju AR e Govindaraj A. Carbon nanotubes by nebulized spray pyrolysis. *Chem. Phys. Lett.*, 386, **2004:** 313-318.

MIX
Papier aus verantwortungsvollen Quellen
Paper from responsible sources
FSC® C105338

Printed by Books on Demand GmbH, Norderstedt / Germany